數 ∺ 學 = (女 × 孩)

秘密筆記

向量篇

数学
ガールの
秘密ノート
――――――
ベクトル
の真実

前師範大學數學系教授兼主任　日本數學會出版貢獻獎得主

陳朕疆　譯　　洪萬生　審訂　　結城浩　著

獻給你

本書將由由梨、蒂蒂、米爾迦與「我」，展開一連串的數學對話。

在閱讀途中，若有抓不到來龍去脈的故事情節，或看不懂的數學式，請你跳過去繼續閱讀，但是務必詳讀女孩們的對話，不要跳過！

傾聽女孩，即是加入這場數學對話。

登場人物介紹

「我」

> 高中二年級，本書的敘述者。
> 喜歡數學，尤其是數學公式。

由梨

> 國中二年級，「我」的表妹。
> 總是綁著栗色馬尾，喜歡邏輯。

蒂蒂

> 高中一年級，是精力充沛的「元氣少女」。
> 留著俏麗短髮，閃亮大眼是她吸引人的特點。

米爾迦

> 高中二年級，是數學資優生、「能言善道的才女」。
> 留著一頭烏黑亮麗的秀髮，戴金框眼鏡。

媽媽

> 「我」的媽媽。

瑞谷老師

> 學校圖書室的管理員。

C O N T E N T S

序章

嘿，你在哪裡？
——我看著腳下說。
嘿，你往哪裡去？
——我看向遠方說。

加速度與力，使向量現身；
平移與旋轉，使向量舞動；
方向與大小，使向量成形。
時而相加、時而相減、時而相乘。

——嘿，你在哪裡？
我？我就在這裡。
——嘿，你往哪裡去？
我？我無所不往——

不論前往何處，都和你一起。
不論前往何方，都與我一起。
讓我們啟程尋找向量吧。

第 1 章

助我一臂之力

「如果我是你，對你來說，我又是什麼？」

1.1　我的房間

由梨：「哥哥！由梨想到一個很有趣的東西喔！」

我：「什麼啊？這麼突然。」

　　我的表妹由梨是國中生，她常跑到我的房間找我玩，一起研究如何解開她帶來的數學謎題。

由梨：「有沒有哪個東西是『靜止不動，加速度卻不是 0』呢？」

我：「靜止不動，加速度卻不是 0？」

由梨：「快告訴我！」

我：「這個嘛……的確是有這種東西啦。」

由梨：「果然沒錯！」

我：「舉例來說，當我們把球直直往上拋，球一開始會向上移動，但速度越來越慢。在往上的速度消失的那一瞬間，球

靜止不動，下一秒便開始下落。」

由梨：「嗯嗯。」

我：「不過，這顆球的加速度不是 0。地球在這顆球上施加了**重力**，這股力量使球產生加速度。之前我不是有提過嗎？力會產生加速度*。」

由梨：「沒錯。」

我：「地球重力造成的加速度稱作 g。當然，g 不等於 0。雖然球的速度一直在改變，但加速度不會變，因為地球的重力不會隨時間改變。」

由梨：「原來是這樣啊……」

我：「所以，就算加速度不是 0，物體也可能靜止不動，雖然這現象只會出現一瞬間。」

由梨：「嗯……」

我：「但如果物體『一直』保持靜止，就表示它的速度一直是 0。既然速度都沒變，那麼加速度當然也是 0 囉。」

由梨：「這樣不是很奇怪嗎？」

我：「由梨有什麼想法呢？」

---

*參考《數學女孩秘密筆記：微分篇》。

1.2　站在地面上的人

由梨：「假設，地面上站著一個人。」

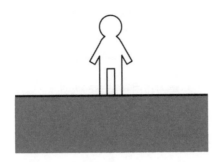

站在地面上的人

我：「嗯。」

由梨：「之前哥哥說明力和加速度，有提到『加速度是位置的微分再微分』，以及『力會產生加速度』等……」

我：「嗯，是啊。」

由梨：「重力也作用在這個站立的人身上吧？重力也是力的一種吧？」

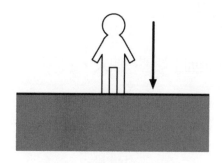

重力作用在站立的人身上

我：「當然囉。」

由梨：「可是這個人是靜止的，不是只有一瞬間靜止，而是一
　　　直保持靜止。他的速度一直是 0，即表示速度沒改變……
　　　所以加速度是 0 吧？」

我：「喔──妳是要問這個問題啊！」

由梨：「我覺得明明有作用力，加速度卻是 0……好奇怪！」

我：「原來如此。妳覺得『力作用在物體上，加速度不應該等
　　　於 0』啊。這個想法很好，由梨果然很聰明呢！」

由梨：「沒有啦、沒有啦……不過你可以多稱讚我一點，沒關
　　　係。」

我：「我說妳啊……總之，妳是要考我，靜止物體的加速度可
　　　不可能『不等於 0』，對吧？」

由梨：「沒錯，不過我不是要考你，是真的不懂才問的啦。」

我：「我先說答案吧！這個站在地面上的人，加速度的確是 0，而且確實受到重力的作用。」

由梨：「咦！那麼，他為什麼還會靜止不動呢？」

我：「這是因為，作用在這個人身上的力，**不只有重力！**」

由梨：「真的嗎？除了重力，還有其他的力？例如磁力嗎？」

我：「不是，因為這是一個人，而不是磁鐵，磁力不會作用在人身上。」

由梨：「那是什麼力呢？」

我：「是**地面回推這個人的力**。這股力量使人靜止喔。」

由梨：「地面？」

我：「沒錯，如果相對於重力把人往下拉的力，地面沒有將這個人往上推，這個人就會漸漸陷入地面。因為和重力**互相抵消**的力作用在這個人身上，所以這個人才不會陷入地面。重力確實作用於人，但因為地面回推的力也在作用，與重力互相抵消，所以作用在這個人身上的力，全部加起來，總和是 0。」

由梨：「嗯……有種似是而非的感覺耶。」

我：「我來詳細說明力的性質吧！」

由梨：「好啊！」

1.3　力

我：「接下來，我要用高中物理來說明……我們會運用到力學
　　的基礎知識。」

由梨：「很難嗎？」

我：「一點都不難。為了簡化題目，我們把人視為一個質點吧，
　　也就是一個帶有質量的點。」

把人視為一個質點

由梨：「嗯嗯。」

我：「解力學題目最重要的就是，找出作用在質點上的所有
　　力。」

由梨：「找出……所有的力。」

我：「沒錯，由梨剛才說『明明有重力的作用，物體的加速度
　　卻是 0 好奇怪』。其實，由梨忽略了一些東西。」

由梨：「喔——」

我：「如果能找出所有作用於物體的力，基本的力學題目就難不倒妳了。牛頓的運動方程式是很實用的工具，但在使用方程式之前，最重要的是仔細找出所有作用力。」

由梨：「嗯。」

我：「尋找作用力時，重點在於確認『**誰對誰施加作用力**』。」

由梨：「咦？可是，這不是理所當然嗎？」

我：「嗯，的確是理所當然，但其實沒有想像的那麼簡單，因為我們平時並不會仔細地觀察所有作用力，不清楚是誰對誰施作用力。」

由梨：「我大概知道你的意思了啦，直接用例子說明給我聽吧！首先是重力吧？」

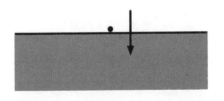

重力？

我：「嗯，由梨用一個往下的箭號來表示重力，不過這種表示方式不太恰當。」

由梨：「咦？還要畫出細節嗎？」

我：「不是，要畫出『重點』，哥哥剛才不是才說過嗎？『**誰對誰施加作用力**』很重要，所以這樣才是正確的畫法

「……」

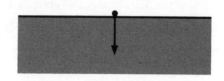

地球對人施加的作用力（重力）

我：「這張圖，別人一看就知道是地球對人施加了作用力（重力）。」

由梨：「這樣啊——搞清楚『誰對誰施力』原來是這個意思啊！」

我：「是啊，我剛才說的『地面回推人的力』，則是這樣畫。」

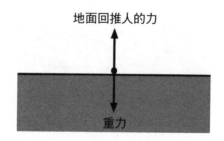

地面回推人的力

重力

重力與地面回推人的力

由梨：「……可是，哥哥啊，『回推人的力』到底是從哪裡來的？」

我：「『回推人的力』是地面施加的力。假設人對地面施的力

稱作『作用力』，則地面回推人的力就是『反作用力』。」

由梨：「反作用力……我有印象。我學過作用、反作用力，意思是用力推別人，自己也會往後倒。」

我：「基本上，作用力與反作用力是相對的稱呼，並沒有規定哪一方作用於哪一方，才能稱為作用力。如果其中一個被稱為作用力，另一個就叫作反作用力。」

由梨：「原來如此，是作用力與反作用力啊！」

我：「不然妳想到什麼了呢？」

由梨：「沒有啦，只是老師講的我都隨便聽聽。你看嘛，用力推別人，自己也會往後倒，這不是廢話嗎！」

我：「嗯，妳這麼說也沒錯啦，作用力與反作用力定律似乎不證自明，不過『誰對誰施力』才是這個定律的重點喔。」

作用力與反作用力定律

當質點 P 對質點 Q 施力，質點 Q 也會對質點 P 產生一個反方向，但相同大小的力。

由梨：「咦？」

我：「用質點 P 和質點 Q 來表示，可能太抽象了，很難理解吧！我們回到剛才畫的圖。」

(1)重力　(2)腳踩地球的推力　(3)地球回推的力

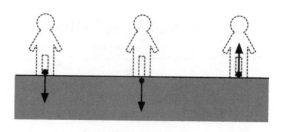

有哪些力在作用呢？

由梨：「喔——」

我：「這個例子中，有三個力在作用。

(1)地球對人施力（重力）。
(2)人對地球施力（腳踩地球的推力）。
(3)地球對人施力（地球回推的力）。

首先，地球的重力會將地面上的人往下拉，這就是(1)的力；同時，踩在地球上的人也會將地球往下推，這就是(2)的力；而(1)和(2)的大小、方向皆相同。」

由梨：「……」

我：「人將地球往下推，地球也會將人往上推，這就是(3)的力。如果把(2)看成作用力，(3)就是反作用力。(2)與(3)的大小相同、方向相反。因此，(3)的力和(1)的重力也是大小相同、方向相反的力。」

由梨：「……」

我：「施加在人身上的力，只有(1)和(3)，也就是『地球的重力(1)』與『地球回推的力(3)』。這兩個力的大小相同、方向相反，兩力相加會相互抵消，合計受力為 0。由於受力為 0，故加速度為 0。所以，這個站著的人，會一直保持靜止的狀態。這樣懂了嗎？」

由梨：「不懂。」

我：「咦？我講得不夠清楚嗎？妳哪裡不懂呢？」

由梨：「剛才哥哥說到兩個力會互相抵消……這部分我還懂，但再前面的部分就不懂了。」

我：「再前面的部分是指哪裡呢？」

由梨：「就是哥哥剛才的說明中，除了這兩個力，不是還有提到力(2)嗎？」

> (1)地球對人施力（重力）。
> (2)人對地球施力（腳踩地球的推力）。
> (3)地球對人施力（地球回推的力）。

我：「是啊。」

由梨：「(2)腳踩地球的推力跑到哪裡去了？你只挑自己喜歡的講，不喜歡的就假裝沒看到嘛。為什麼要忽略腳踩地球的推力呢？」

我：「妳是這邊不懂啊！這是很重要的概念喔。由梨，妳覺得

(2)腳踩地球的推力，是『誰對誰』施力呢？」

由梨：「嗯……『人對地球』施力，喵？」

我：「沒錯！哥哥無視這個腳踩地球的推力，是因為這個力是對地球的施力。而我們剛才的目的是要找出『對人的施力』。對人的施力有(1)重力以及(3)地球回推的力，只有這兩個力。至於(2)腳踩地球的推力，則是對地球的施力，和我們的目的無關。」

(1)重力　　(2)腳踩地球的推力　(3)地球回推的力

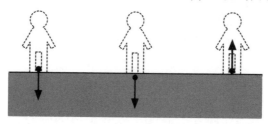

對人的施力共有(1)和(3)

由梨：「啊，原來是這樣！」

我：「就是這樣，由梨。找出所有施力時，要特別注意是誰對誰的施力。在力學的學習中，這是相當重要的。」

由梨：「我知道了啦！……啊，還有一件事。」

1.4 等速度直線運動

由梨：「剛才哥哥列出了加速度為 0 的理由，但我總覺得哪裡怪怪的。」

我：「是這樣嗎？我們剛才不是把施加於這個人的力都找出來了嗎？包括地球的重力和地球回推的力，就這兩個而已啊。」

由梨：「嗯，這個我懂。」

我：「這兩個力大小相同、方向相反，兩個力會互相抵消，合力為 0。」

由梨：「嗯，這個也沒問題。」

我：「因為合力為 0，所以加速度也是 0，故這個站在地面上的人會保持靜止。」

由梨：「就是這裡！怪怪的！」

我：「會嗎？」

由梨：「我能理解『合力為 0，加速度也是 0』。加速度是 0，表示速度不會改變吧？不過，就算速度沒有改變，也不代表這個人一定是靜止的吧？」

我：「哇！由梨真的很厲害！」

由梨：「你解釋清楚再來稱讚我啦。」

我：「好啊，由梨說的沒錯，加速度為 0 只表示速度沒變化。」

　　就跟由梨想的一樣，速度沒變化不代表這個人一定靜止。速度沒有變化，也可能代表速度的大小和方向不變，但持續移動，亦即**等速度直線運動**。」

由梨：「等速度……直線……運動？」

我：「是啊，試想，一個人站在表面光滑的溜冰場上，作用在這個人身上的力，只有重力與溜冰場回推的力。這兩個力達成平衡、互相抵消，故合力為 0，加速度為 0，但這個人很有可能不是靜止的。」

由梨：「哈哈哈哈哈！就算這個人想靜止不動，還是會因為地板太滑，而滑動吧！」

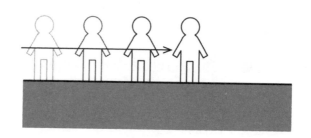

等速度直線運動

我：「沒錯！就算合力為 0，加速度為 0，物體也可能進行等速度直線運動，亦即用一定的速度在直線上運動。」

由梨：「啊──想到那個畫面就覺得很好笑，表情嚴肅的哥哥肢體僵硬地慢慢往旁邊滑去。」

我：「妳把我當成例子嗎！」

由梨：「啊──太好笑了！」

我：「別笑得那麼誇張啦。」

由梨：「對了，我又想到另外一個問題。」

我：「什麼問題？」

1.5 人有兩隻腳

由梨：「人有兩隻腳啊！而且人是用腳對地球施力吧。兩隻腳對地球施力，不會變成兩倍的力嗎？」

我：「不會變成兩倍喔。這很難用質點來說明，所以我們把人的形狀畫出來吧，這樣就看得出蹊蹺了。」

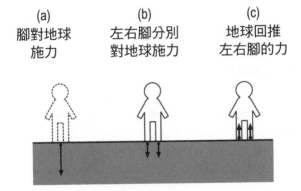

(a) 設腳對地球的施力為 1。

(b) 則表示左右腳分別對地球施力 $\frac{1}{2}$。

(c) 根據作用力與反作用力定律，地球回推左右腳的力分別為 $\frac{1}{2}$。

我：「若右腳與左腳平均對地球施力，則右腳對地球的施力同於左腳對地球的施力。而兩腳對地球的施力相加，剛好等於地球將人往下拉的重力，所以右腳的施力為 $\frac{1}{2}$、左腳的施力也是 $\frac{1}{2}$。根據作用力與反作用力定律，地球回推右腳與左腳的力量，分別是 $\frac{1}{2}$。」

由梨：「嗯……這樣啊。」

1.6　「力」是什麼？

由梨：「可是，這又讓我想到一件事。」

我：「什麼事？」

由梨：「力是一種數嗎？」

我：「喔！這個問題很好。」

由梨：「剛才哥哥把力相加，又取一半，令我覺得好像可以把力當成數。」

我：「嗯，由梨是怎麼想的呢？」

由梨：「嗯……雖然我不太確定，但我覺得不能把力當成數，雖然看起來有點像，但力並不是數。」

我：「為什麼妳會這麼想呢？」

由梨：「因為力……該怎麼說呢……力像是一種蓄勢待發的東西，給人強勁的感覺，但是數──給人安靜的形象。」

我：「喔，這個說明滿有趣的。」

由梨：「所以呢？答案是什麼？力是一種數嗎？」

我：「我也不太會說明……不過，力並不是一種數，但它像數一樣可以計算。」

由梨：「像數一樣可以計算？」

我：「沒錯。思考力的問題時，我們會先找出這個力的各種性質吧？例如力的強度、往哪個方向施力等。思考這些性質、寫在紙上、說明給別人聽，都會用到數。」

由梨：「這樣啊。」

我：「我們可以用數來表示各種概念，除了計算物體的個數，測量溫度、測量體積……等，都會用到數。」

由梨：「沒錯。」

我：「同理，若我們想表達『力』的性質，即會用到數，因為數就像一種語言，可以用來說明事物。」

由梨：「嗯，我大概懂了。數可以表示力的性質。」

我：「沒錯。對了，在『站在地面上的人』這個例子中，所有的力都在同一直線上，所以用一般的實數來表示即可，但有時候只用實數不足以描述一個力。」

由梨：「用實數不足以描述嗎？」

我：「沒錯。力有『**方向**』與『**大小**』**兩個性質**。若我們想表示力同時具有『方向』與『大小』的性質，就不會用實數，而是用**向量**來表示。」

由梨：「向量？」

1.7　用線吊掛重物

我：「沒錯，力可以用向量來表示。」

由梨：「向量是什麼？」

我：「這個嘛……向量是一種很有趣的東西。不過在說明向量之前，我們先來看看力的例子吧，這樣比較容易明白。」

由梨：「好啊。」

我：「舉例來說，妳想像一下，有一個重物被兩條線斜斜地拉著，懸吊在空中。」

由梨：「重物？」

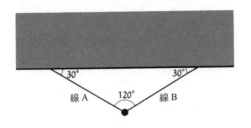

30° 30°

線 A 120° 線 B

一重物被兩條線懸吊起來

我：「這個黑色重物左邊被線 A 拉著，右邊被線 B 拉著。在這
　　種狀態下，重物保持靜止。」

由梨：「嗯。」

我：「剛才我們提到，力學最重要的，就是找出所有作用在質
　　點上的力吧！」

由梨：「嗯。」

我：「假設這個重物是一個質點，那麼作用在這個重物上的力，
　　有哪些呢？」

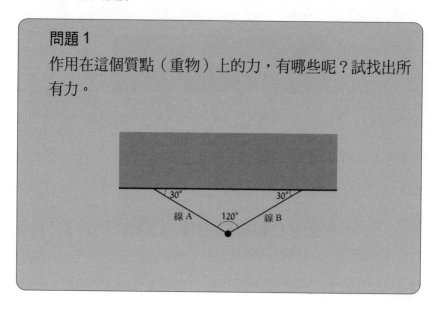

問題 1

作用在這個質點（重物）上的力，有哪些呢？試找出所有力。

由梨：「有重力嗎？」

我：「有，地球會以重力作用於這個重物。但是由梨，思考力學問題，要搞清楚『誰對誰施力』喔。」

由梨：「喔，差點忘了。應該說，地球對這個重物施加重力。」

我：「嗯，這樣就對了。還有其他力嗎？」

由梨：「嗯……線的拉力？」

我：「『誰對誰施力』？」

由梨：「啊，是線對這個重物施加重力……不對，這應該叫作什麼力呢？」

我：「這叫作線的張力。」

由梨：「張力……」

我：「嗯，線被拉緊，會產生張力。」

由梨：「可以說是……線對這個重物施以張力嗎？」

我：「可以。」

由梨：「可是哥哥，有個地方我不懂。線被拉緊，就表示線的另一端也拉著天花板吧？把天花板斜斜地往下拉。」

我：「是啊。」

由梨：「我們不用考慮這個力嗎？」

我：「嗯，不需要考慮這個力。現在我們關注的是重物，所以只需考慮作用在這個重物的力。這是我一開始就強調要注意『誰對誰施力』的原因。」

由梨：「啊！原來如此。」

我：「然後呢？還有其他力嗎？」

由梨：「咦？除了重力，還有其他力作用於重物嗎？」

我：「這是我問妳的問題喔。」

由梨：「嗯，有沒有呢……」

我：「……」

由梨：「重力、張力……啊，還有空氣阻力嗎？」

我：「不對，這個重物處於靜止狀態，不會受到空氣阻力的影響。」

由梨：「這樣啊，嗚……好難啊──想不到。」

我：「沒有其他力了嗎？」

由梨：「……應該沒有吧。」

我：「沒錯，正確答案。」

由梨：「什麼嘛，你在誤導我！」

我：「不是誤導。思考力學問題的一大重點，就是不遺漏也不重複地計算施加在質點上的力，所以妳必須判斷是否『沒有其他作用力了』。」

由梨：「我知道啦……」

我：「這麼一來，我們便找出了，所有施加於重物的力。」

解答 1

作用於這個質點（重物）的力有以下三個。

- 地球施加的重力
- 線 A 施加的張力
- 線 B 施加的張力

由梨：「嗯，然後呢？」

我：「這些就是所有的力。再來要注意的是，這個質點處於靜止狀態，也就是說，所有力相加的合力正好是 0。如果合力不是 0，就會產生加速度。」

由梨：「嗯，這個我知道，就像站在地面上的人一樣吧。」

我：「力有方向與大小這兩個性質。其中，方向我們已經知道了。」

由梨：「重力不就是往下嗎？」

我：「嗯，在物理學中，重力作用的方向都是**鉛直向下**的。」

由梨：「鉛直向下……」

我：「接著，線的張力會沿著線的方向作用。妳聽得懂嗎？」

由梨：「懂。線被拉緊的走向，就是線施力的方向吧？」

我：「沒錯，但在物理學上，**走向**和**方向**這兩個詞是不一樣的意思。」

由梨：「走向和方向……不一樣嗎？」

我：「兩者在物理學上的定義不同。『方向』是用來描述朝著哪個方向施力，例如朝上、朝下、沿著線朝左上、鉛直向下——」

由梨：「走向呢？」

我：「『走向』關注的是直線本身，描述直線是上下走向或左右走向等。」

由梨：「咦——聽起來很麻煩耶。」

我：「剛才的解答加上方向，即可得到以下結果。」

解答 1a（加上方向）

作用於這個質點（重物）的力有以下三個。

- 地球施加的重力（<u>鉛直向下</u>）
- 線 A 施加的張力（<u>沿線 A 往左上</u>）
- 線 B 施加的張力（<u>沿線 B 往右上</u>）

由梨：「然後呢？知道有哪些力，又怎麼樣？」

我：「接著，大概會碰上這樣的問題。」

問題2

假設地球對重物施加的重力為 1，求線 A 與線 B 對重物施加的張力大小。

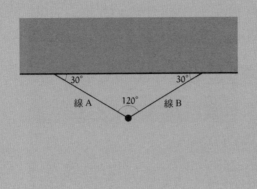

由梨：「張力大小？」

我：「沒錯，雖然我們已經知道力的方向，但還不知道力的大小。這裡我們會遇到一些問題。」

由梨：「為什麼？跟剛才『站著的人』是一樣的情況吧？」

我：「剛才那個站在地面上的人，只受兩個力作用，而且這兩個力是在同一直線上，情況單純許多。大小相同、方向相反的力達到平衡，是很好理解的。但這個例子有三個力，而且分別朝不同方向施力。當這些力達到平衡——也就是三個力的合力為 0，妳覺得各個力的大小如何呢？」

由梨：「既然往下拉的重力是 1，而往上拉的線有兩條，那麼

每條線的張力應該會等於重力的 $\frac{1}{2}$ 吧？剛才哥哥不是說過，人的兩隻腳所產生的推力各是 $\frac{1}{2}$ 嗎？」

我：「那是因為兩隻腳的施力方向相同，如果這兩條拉著重物的線方向相同，由梨的想法就是對的。可惜的是，線 A 和線 B 朝不同方向施力。」

由梨：「這樣啊，該怎麼算呢？」

我：「這裡要考慮到『力的相加』。」

由梨：「『力的相加』？」

1.8 力的相加

我：「必須將兩個作用在同一質點的力加起來，以一個力表示。這個力的方向與大小，等於平行四邊形的對角線，這是力的性質之一。」

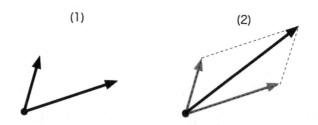

兩力相加，以一個力來表示。

由梨：「嗯……」

我：「如圖(1)所示，若這兩個力作用在同一個質點，則我們可將這兩個力視為圖(2)的力，也就是兩個力形成一個平行四邊形，則平行四邊形的對角線就是這個力的方向與大小。懂了嗎？」

由梨：「大概懂了。」

我：「我們可藉由形成平行四邊形，將兩力相加得到一個力，也可以藉此將一個力分成兩個力喔。」

1.9 張力的相加

我：「我們回到重物的問題吧！」

問題 2

假設地球對重物施加的重力為 1，試求線 A 與線 B 對重
物施加的張力大小。

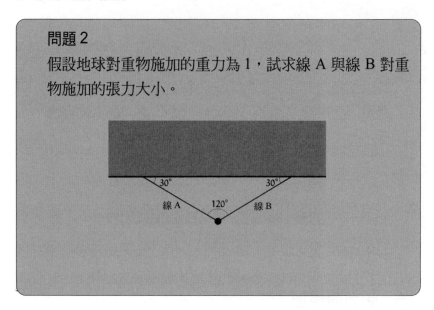

我：「重力的方向為鉛直向下，而重物處於靜止狀態，這表示
　　**兩個張力相加所得的力，必定與重力大小相等、方向相
　　反。**兩個以上的力相加所得的力，稱作合力；也就是說，
　　這兩條線的張力相加，所得的『合力』，與『重力』的大
　　小相同、方向相反。由於重力是鉛直向下，故兩張力的合
　　力是鉛直向上。」

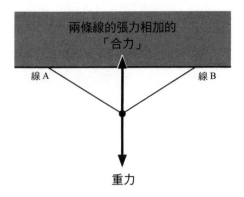

重力與兩張力的合力，應達到平衡

由梨：「啊，原來如此。這兩個力會剛好打平嗎？」

我：「沒錯。這兩條線的張力分別沿著線的方向往左右的斜上方拉……所以可以把合力想成沿著平行四邊形的對角線往上拉的力，這樣我們即可知道這兩條線的張力是多少。」

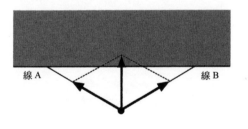

將一個合力分解為兩個張力

由梨：「平行四邊形啊。」

我：「這麼一來，我們便能畫出所有作用在這個重物的力了。」

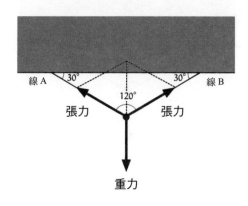

所有作用於重物的力

- 地球施加的重力（鉛直向下）
- 線 A 施加的張力（沿線 A 往左上）
- 線 B 施加的張力（沿線 B 往右上）

由梨：「咦，那這些力的大小是多少呢？」

我：「其實，這三個力的大小都一樣。」

由梨：「……」

我：「妳知道為什麼它們的大小都一樣嗎？」

由梨：「嗯！我知道！你看！這裡不是有兩個正三角形嗎？把120°的角切一半，就會變成正三角形的 60°！」

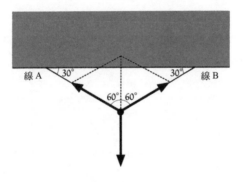

線 A　30°　30°　線 B

60° 60°

兩個正三角形

我：「正是如此！由梨真聰明。」

解答 2

假設地球對重物施加的重力為 1，則線 A 與線 B 對重物
施加的張力大小皆為 1。

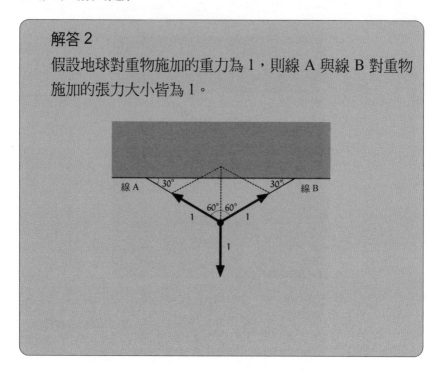

由梨：「可是哥哥，我還是不太懂我們在做什麼。」

我：「嗯，我們剛才所做的，就是想辦法求出數個達成平衡、
卻不在同一直線上的力。」

- 用兩條線吊起的重物保持靜止。
- 作用於重物的力有三個。
- 這兩條線的張力相加所得的合力，
  與重力的大小相同、方向相反。
- 用平行四邊形，便能求出這兩條線的張力各是多少。

由梨：「……」

我：「咦？妳還是不明白嗎？」

由梨：「不是啦……我想問的是，這到底是物理還是數學？」

我：「嗯，力學屬於物理學，所以算是物理吧。」

由梨：「可是你剛才不是用平行四邊形來算嗎？」

我：「是啊。解物理學的問題，常會使用數學來協助喔，我們利用圖形性質來算，當然會用到數學。對了，還會用到『向量』。」

由梨：「啊！對啦，剛才不是有講到向量嗎？那是什麼？」

我：「嗯，我們剛才用了一個箭號來表示力吧？方向和大小是力的兩大性質，而箭號也有方向和大小，所謂的大小就是指箭號的長度。」

由梨：「嗯。」

我：「只要知道力的方向與大小，便能以向量表示，而向量可以互相加減。」

由梨：「向量指的是這些箭號嗎？」

我：「這個問題相當難回答啊。力有方向和大小這兩個性質，箭號有方向和大小這兩個性質，向量也有方向和大小這兩個性質。所以箭號可用來表示力，向量也可用來表示力。在許多情況下，我們會用箭號來表示向量。箭號可以將向量這個抽象的概念，具體描繪出來。」

由梨：「好複雜喵。」

我：「這就像討論『把數字排在一起，就是數嗎？』數可以用
　　幾個排在一起的數字來表示，但我們卻會避免使用『把數
　　字排在一起，就是數』的說法。」

由梨：「嗯……原來如此。」

我：「用數字來表示數，在計算上比較方便。同樣的，用箭號
　　表示向量，可令人清楚看見大小和方向。所以，我們是因
　　為箭號很方便，才用它來表示向量。」

由梨：「我大概了解了。」

我：「向量的加法和力的加法一樣，都是用平行四邊形來定
　　義。」

由梨：「雖然我還是不明白向量是什麼，但加法我知道怎麼
　　做。」

我：「向量就像數一樣，可以加，也可以減。不過，因為還要
　　考慮方向，所以和數的加減有一點差異。」

由梨：「乘法呢？向量可以做乘法計算嗎？」

我：「可以。數的乘法只有一種，向量的乘法卻有好幾種。」

由梨：「咦！快教我啦！」

媽媽：「孩子們！義大利麵煮好囉！」

由梨：「好！」

　　媽媽的「義大利麵召喚」，讓我和由梨的數學對談暫告一

個段落。不過,由梨提出的問題:「向量指的是這些箭號嗎?」使我想到一些事。我高中初次接觸向量時,也有同樣的疑問。剛開始我覺得向量和箭號是一樣的,後來才發覺,雖然向量可以用箭號來表示,但與箭號的意義並不相同。

「若走向不同,則方向不可能相反。」

第 1 章的問題

> 若我們想解的問題，
> 與一個有解的問題相關，
> 我們能否利用這層關係來解題？
> ——波利亞（George Pólya）

●問題 1-1（作用與反作用定律）

以線懸吊的重物受到重力的作用。若把地球對重物的施力視為作用力，那麼反作用力是「誰對誰施力」呢？

（解答在第 236 頁）

●問題 1-2（找出所有力）

如下圖所示，彈簧吊著一重物，並處於靜止狀態。試找出此狀態下所有施加在重物上的力。答案必須列出「誰對誰施力」，以及「方向與大小」。

（解答在第 237 頁）

●問題 1-3（合力）

如下圖所示，兩力作用於一質點。請以圖表示此時兩力的合力。

（解答在第238頁）

●問題 1-4（力的平衡）

如下圖所示，一質點被三條線拉著，並處於靜止狀態。
下圖僅顯示其中一條線作用在此質點的張力，請在下圖
畫出其他兩條線作用於質點的張力。

（解答在第 239 頁）

第 2 章

無數相同的箭號

「創造新事物，是否比尋找新事物還困難呢？」

2.1 在圖書室

我：「我之前和由梨聊天，有提到向量。」

蒂蒂：「由梨也知道向量是什麼嗎？」

　　蒂蒂是我的學妹，我們常在放學後的圖書室討論數學。今天我和她提到自己教過由梨向量的性質。

我：「知道是知道，但我只有教到加法，用箭號做一個平行四邊形……」

蒂蒂：「這樣也很厲害啊。我聽到向量，只會有『好困難』的想法，心生排斥……啊，應該是因為學長很會教人，所以由梨不會這樣吧。」

我：「不是這樣吧。」

蒂蒂：「以前學長教我向量怎麼算的時候，我也弄懂了許多原本不清楚的地方。」

我：「嗯，這麼一說，確實有這麼一回事呢。」

蒂蒂：「是啊⋯⋯學長之前跟我聊過單位向量、怎麼把向量拆
　　　　成數個分量、怎麼計算點與點的距離、如何旋轉座標平面
　　　　上的點⋯⋯[*]」

我：「嗯，我記得。」

蒂蒂：「說到向量，有個地方我還是不懂，可以問學長嗎？」

我：「當然可以，妳什麼地方不懂呢？」

蒂蒂：「學長教由梨計算**向量加法**，是用平行四邊形的對角線
　　　　吧。」

我：「是啊。」

向量 $\vec{a}$ 與 $\vec{b}$ 的加法（利用平行四邊形的對角線）

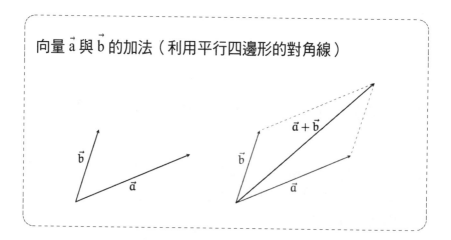

---

[*] 請參考《數學女孩秘密筆記：圓圓的三角函數篇》。

蒂蒂:「這個方法的確給人一種加法的感覺——但我覺得以 $\vec{a}$ 與 $\vec{b}$ 首尾相接的方式來說明,比較好理解。」

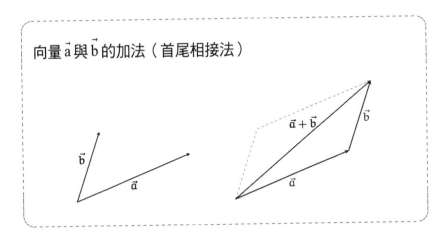

向量 $\vec{a}$ 與 $\vec{b}$ 的加法(首尾相接法)

我:「原來如此,把起點和終點接在一起啊。」

蒂蒂:「是的。在這個圖中,先以箭號將 $\vec{a}$ 的起點和終點連起來;再把 $\vec{a}$ 的終點當作 $\vec{b}$ 的起點,畫一個箭號從這裡連至 $\vec{b}$ 的終點——就像把 $\vec{a}$ 和 $\vec{b}$ 照順序加上去一樣!我是這麼覺得啦。」

我:「沒錯,連接終點與起點,的確能得到答案。而且,不管是用對角線,還是用首尾相接的方法計算,得到的向量和 $\vec{a}+\vec{b}$ 都相同。」

蒂蒂:「是的……但我總覺得還是有些地方不太清楚。」

我：「蒂蒂哪裡不清楚呢？$\vec{a}+\vec{b}$ 與 $\vec{b}+\vec{a}$ 相等，亦即向量的交換律，應該不難理解啊。」

向量的交換律（$\vec{a}+\vec{b}=\vec{b}+\vec{a}$）

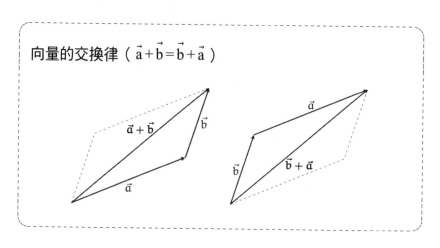

蒂蒂：「這個我理解，不清楚的是⋯⋯」

　　蒂蒂突然沉默下來，大眼睛眨呀眨的，好像在專心思考。我在一旁安靜地等她整理思緒。

　　蒂蒂很在意自己是否真的理解了原理，她認為自己要有「我懂了！」的感覺，才算真的明白。

蒂蒂：「⋯⋯學長，我不清楚的地方應該是⋯⋯**可以隨便移動嗎？**」

我：「隨便移動——妳是指向量嗎？」

蒂蒂：「是啊。舉例來說，假設向量 $\vec{a}$ 和 $\vec{b}$ 如下圖所示。」

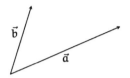

我：「嗯，再來要把這兩個向量加起來嗎？」

蒂蒂：「是的。可是如果依照『首尾相接法』，必須把 $\vec{b}$ 拉長到 $\vec{b}'$ 的位置。」

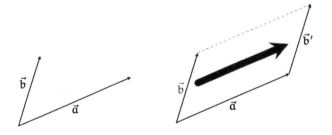

我：「啊，原來是這個意思，這就是妳說的『可以隨便移動嗎』——」

蒂蒂：「沒錯。我們做數的加法，不能隨便改變加數和被加數吧？但是做向量的加法，卻可以隨便移動……這個部分我還是不懂。」

我：「原來如此。妳懷疑這樣隨便移動，向量會不會產生問題啊？」

蒂蒂：「是的⋯⋯很抱歉提出這麼奇怪的問題。」

我：「不會，完全不需要道歉！我覺得蒂蒂問的是很重要的問題，會有疑問是很正常的。在兩個向量相加前移動向量 $\vec{b}$，所得到的 $\vec{b'}$，會不會和原本的向量不同呢？蒂蒂是這個意思吧？」

蒂蒂：「沒錯！」

我：「我想我應該能回答蒂蒂的疑問喔。」

蒂蒂：「真的嗎！請告訴我答案！」

2.2　「相等」的定義

我：「換句話說，這就是在問，向量的相等是什麼意思。」

蒂蒂：「相等是什麼意思？」

我：「沒錯。雖然蒂蒂的問題是，求 $\vec{a}+\vec{b}$ 的時候，移動 $\vec{b}$ 會不會影響答案。不過，若能證明移動前的向量和移動後的向量相等，問題就解決了。移動前加的是 $\vec{b}$，移動後加的則是 $\vec{b'}$，所以只要證明 $\vec{b}=\vec{b'}$，就能解決問題了。」

蒂蒂：「啊⋯⋯是這樣沒錯，可是向量移動過，可能和原來的向量一樣嗎？」

我：「一樣喔，因為平移後的向量與原先的向量相等，是向量

的性質。剛才提到的 $\vec{b}$ 移到 $\vec{b'}$，就是平移，所以 $\vec{b} = \vec{b'}$。」

蒂蒂：「性質啊……我還是不太能接受。」

我：「是嗎？」

蒂蒂：「是啊，因為平移代表位置會改變吧？在解圖形的問題時，不會隨便移動點與線的位置。可是解向量的問題，平移後的向量和原來的向量卻相等……很抱歉，我還是不太明白。」

我：「嗯，說這是向量的**性質**或許不太合適，難怪蒂蒂無法接受。應該說『將平移前後的向量視為同一個向量』，或者直接說『**定義**平移前後的向量為同一向量』。」

蒂蒂：「定義？」

我：「現在我們討論的向量是屬於數學領域，或者說，向量是**數學符號**，所以需要定義『這些以箭號表示的向量』的**相等**，是什麼意思。如果沒有這樣的定義，『這個向量與那個向量相等』的敘述，便沒有意義。」

蒂蒂：「這就是定義『向量之間的相等』嗎？」

我：「沒錯。把平移前後的向量，視為同一向量──就是我們對向量這種數學符號彼此相等的定義。」

蒂蒂：「……」

我：「有了定義，就不會產生爭議了。不管向量 $\vec{b}$ 如何平移，都會和原先的 $\vec{b}$ 相等。如此便不會有爭議的空間。」

蒂蒂：「是啊，都這樣定義了，爭議就沒有意義了。」

我：「至於為什麼要這樣定義，數學上有許多有趣的理由。不過，這些理由的解說，又是另一個主題了。」

蒂蒂：「原來如此。這樣的話，我的問題就有答案了。之前我一直疑惑『向量可以隨便移動嗎』，但是『向量不管如何平移，都會和原來的向量相等』會成立，是因為我們定義平移前後的向量為同一向量啊！」

我：「沒錯！『向量平移後與原來的向量相等』，換句話說，『若向量的方向與大小沒有改變，便與原向量相等』。」

蒂蒂：「原來如此！」

我：「話說回來，蒂蒂理解得很快呢。」

蒂蒂：「沒有啦……為了這件小事，浪費學長的時間，真的很不好意思。」

我：「不會，這不是小事啊。我覺得這很重要喔。」

蒂蒂：「謝謝學長。」

2.3 彎彎的向量

我：「其實我一開始練習向量加法的時候，也煩惱過喔。」

蒂蒂：「真的嗎！」

我：「我以前也曾有過類似的疑問。剛開始算向量加法時，我很快便能接受『首尾相接法』的概念，但過了一陣子，我才比較理解為什麼『平行四邊形對角線法』也可以解釋向量加法。」

蒂蒂：「真的嗎！我以為學長一看就懂耶！」

我：「不對，沒有這種事啦。嗯，說到這個我想起一件事。我以前曾經覺得『首尾相接法』相當好用，尤其是理解向量差的時候，也就是向量的減法。」

蒂蒂：「是減法……而不是加法嗎？」

我：「舉例來說，假設 $\vec{a}+\vec{b}$ 所得的向量為 $\vec{c}$，如下圖所示。」

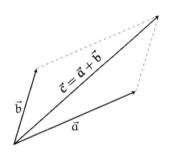

蒂蒂：「是的，$\vec{c}$ 是 $\vec{a}$ 與 $\vec{b}$ 的和。」

我：「反過來說，向量差要怎麼算呢？$\vec{c} - \vec{a}$ 是多少？」

蒂蒂：「呃，我想想……因為 $\vec{c} = \vec{a} + \vec{b}$，所以是 $\vec{c} - \vec{a} = \vec{b}$ 嗎？」

我：「嗯，當然答案是 $\vec{b}$。不過我想問的是，我們能不能用箭號來解釋向量減法呢？」

蒂蒂：「學長指的是，能不能用圖形來理解向量減法嗎？用箭號拼湊出 $\vec{c} - \vec{a}$……好像不太容易呢。」

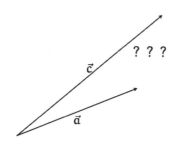

如何在圖形中找出 $\vec{c} - \vec{a}$ 呢？

我：「妳看，有點困難吧。那時，我突然靈光一閃，發現只要把它想成『彎彎的向量』就可以了！」

蒂蒂：「彎彎的向量？」

　　蒂蒂突然大叫，讓圖書室管理員瑞谷老師走出管理室。只要有人打破圖書室的寂靜，瑞谷老師就會馬上出現。我和蒂蒂立刻趴在桌上，不發一語。

彎彎的向量？

蒂蒂：「（學長，什麼是彎彎的向量啊？）」

我：「（等一下，老師走了就告訴妳。）」

　　過了一會兒，瑞谷老師終於走回管理室。

蒂蒂：「學長，什麼是彎彎的向量？」

我：「嗯，我把 $\vec{c}$ 想成這個樣子。」

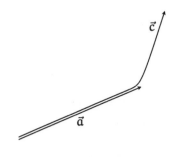

彎彎的向量 $\vec{c}$

蒂蒂：「這是什麼？的確是彎彎的啦⋯⋯」

我：「因為向量最重要的是起點和終點，中間怎麼彎都沒有關

係，所以我可以把箭號中間的部分，依照我想要的樣子隨意彎來彎去。」

蒂蒂：「向量最重要的是起點和終點？」

我：「沒錯，只要確定起點和終點，就能確定向量的大小與方向，和向量中途經過的路程無關。發現這一點，我便想到可以用這張圖的概念想像向量減法 $\vec{c} - \vec{a}$。」

利用彎彎的向量，想像向量減法 $\vec{c} - \vec{a} = \vec{b}$

蒂蒂：「嗯……從彎彎的 $\vec{c}$ 中，拿掉 $\vec{a}$ 的部分，就會剩下 $\vec{b}$，是這個意思嗎？」

我：「正是如此，這樣我就能接受 $\vec{c} - \vec{a} = \vec{b}$ 的概念了。這個彎彎的向量 $\vec{c}$，也可以想成用首尾相接法所得到的 $\vec{a} + \vec{b}$ 喔。」

蒂蒂：「我懂了……原來可以這樣思考啊。」

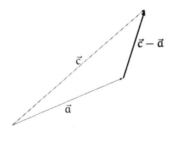

向量差 $\vec{c} - \vec{a}$

2.4　無數相同的箭號

我：「這是我學向量差的計算時，想到的喔。」

蒂蒂：「向量最重要的是起點和終點……咦？可是這樣的話，箭號不是直線，也可以嗎？」

我：「可以啊。用直線來表示向量比較容易理解，不過這也只是一種表示方式而已。」

說出這句話的同時，我想到之前由梨提出的疑問：「向量就是箭號嗎？」

蒂蒂：「……」

蒂蒂咬起了拇指指甲，進入了思考模式。一段時間後，她慢慢抬起頭。

蒂蒂：「學長……」

我：「怎麼了？」

蒂蒂：「可以先回到剛才的話題嗎……就是關於向量的話題。」

我：「嗯。」

蒂蒂：「學長之前說，無論向量平移到哪裡，都會和原來的向量相同吧？」

我：「嗯，我講過這些話，怎麼了嗎？」

蒂蒂：「這只是定義吧？」

我：「？」

蒂蒂：「定義『相等』，不以平移為條件，也可以吧？」

我：「不以平移為條件……嗯，可以。但這樣就不是向量了。」

蒂蒂：「在平面上，除了把向量拉到其他地方的平移，還有轉來轉去的旋轉吧？」

我：「旋轉？」

蒂蒂：「是的，如果以『平移與旋轉前後的箭號，皆視為同一箭號』作為『相等』的定義，會得到什麼結果呢？」

蒂蒂的疑問

如果將平移與旋轉前後的箭號，皆視為同一箭號，會得到什麼結果呢？

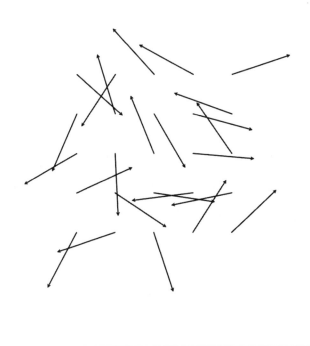

我：「原來如此……」

蒂蒂：「會怎樣呢……」

我：「我知道了！嗯，我想到一個『可能的答案』，不過，蒂蒂要不要自己想想看呢？我覺得這是一個很好的問題。」

蒂蒂：「是這樣嗎……我想想。」

　　我和蒂蒂並排坐在一起，把筆記本放在桌上。她在筆記本上畫了一些圖形，盯看好一段時間，才轉過來看我。

蒂蒂：「對不起……我還是不知道。」

我：「蒂蒂，妳先想像一下，如果我們把一個平面上的箭號平移到平面的各個角落，便能得到許多箭號，而這些箭號的**方向**與**大小**都相同。因為是平移，故得到的向量皆相等。」

　　當我說出「想像一下」時，乖巧的蒂蒂便把臉轉向我，慢慢地閉上眼睛。蒂蒂……大概是在想像大量箭號的畫面吧。然而，看著閉上眼睛的她，我莫名地悸動著。

蒂蒂：「……可以喔。」

　　蒂蒂閉著眼睛說。

我：「咦？」

蒂蒂：「可以想像出來喔。許多方向、大小相同的向量，彼此相等的向量。」

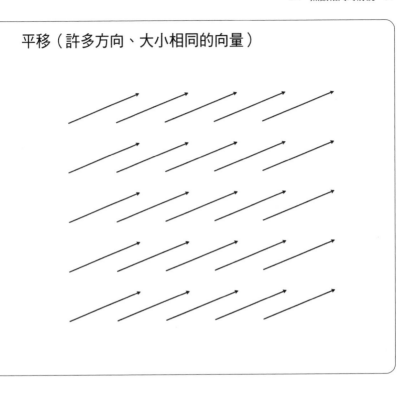

平移（許多方向、大小相同的向量）

我：「嗯。接著再想像，一個箭號任意地平移和旋轉，得到許多散落於平面上的箭號，不管怎樣轉都行。這一次，這些箭號有什麼共通點呢？」

蒂蒂：「原來如此，我懂了！這次是要將平移與旋轉前後的箭號，視為同一個箭號吧！雖然方向不一樣，但是**大小還是相等**。」

蒂蒂再次閉起眼睛。

我：「是啊。」

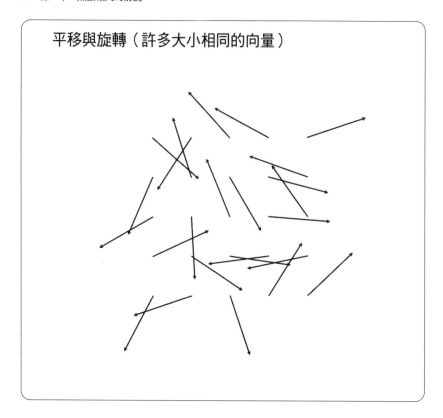

平移與旋轉（許多大小相同的向量）

　　我應了一聲，靜靜地看著闔上眼的蒂蒂。回想起來，我似乎不曾這麼近地看著閉起眼睛的蒂蒂。

米爾迦：「為什麼你們在深情對望？」

我：「哇！」

　　突然出現的米爾迦，嚇了我一跳。

　　米爾迦是我的同班同學。她留著一頭長髮，戴著金框眼鏡。她總是扮演領導者的角色，主導數學對話的主題。話說回來——我真的嚇到了。

蒂蒂張開眼睛。

蒂蒂：「米爾迦學姊！……我們不是在深情對望啦，只是在想像向量的樣子。」

米爾迦：「喔……想像怎樣的 vector 呢？」

米爾迦提到向量，總是用英語 vector 來稱呼。

蒂蒂：「學長告訴我『向量平移前後視為同一向量』。於是我想問，如果『向量平移與旋轉前後視為同一向量』，會發生什麼事？」

米爾迦：「所以你們深情對望啊。」

我：「就說沒有了！剛才我們想到，如果『向量平移與旋轉前後視為同一向量』，向量的『大小』仍保持不變，或許可以描述成『同樣的向量可以對應到同樣大小的實數』。」

米爾迦：「嗯……這想法太天馬行空了。先不管這個，有個部分需要修正。與向量對應的並不是『實數』，而是『大於 0 的實數』。」

我：「對耶，負數無法對應到這樣的向量。」

米爾迦：「但這推論過於粗糙，我們從頭開始好好想一遍吧。」

我：「從頭開始？」

米爾迦：「從畫出 vector 的地方開始。」

2.5　繪製向量

米爾迦：「剛開始學 vector 的時候，看到的全是箭號。」

蒂蒂：「是的，我一開始也以為向量就是直直的箭號，不過這只是向量的一種表示方式。」

我：「因為只要知道起點和終點，就能決定一個向量，所以大家才會以直直的箭號來表示。」

蒂蒂：「是啊，也可以把向量想成彎彎的樣子。」

米爾迦：「想成彎彎的樣子？」

我：「就像這樣。」

米爾迦：「這樣啊。」

我：「首先，只要確定起點和終點的數字是多少，就能決定這個向量，而由這個向量平移所得的每個向量，都與原向量相等——也可說是等價。這就是向量的特色。」

米爾迦：「正確。」

我：「至於平移前後的向量可視為等價，是因為**方向與大小為**向量的重要性質吧？」

米爾迦：「嗯，如果只考慮平面和三維空間中的 vector，這個說法就沒什麼問題。」

蒂蒂：「還有其他形式的向量嗎？」

米爾迦：「有。不過現在別談這個，先想想看『等價』的意義。等價在這裡是什麼意思呢？」

我：「這個嘛……就是『將某個東西和某個東西視為相等』吧。」

米爾迦：「沒錯，也就是說，在討論等價的意義之前，得先決定『某個東西』所涵蓋的範圍。」

蒂蒂：「學長姊……你們討論的東西有點抽象，我聽不太懂……」

米爾迦：「舉個實際的例子吧。先給平面上的 vector 一個定義。我們從座標平面上的一個點談起。一個平面上的點，可以用 (x, y) 實數對的方式來表示。」

我：「嗯。」

蒂蒂：「是的。」

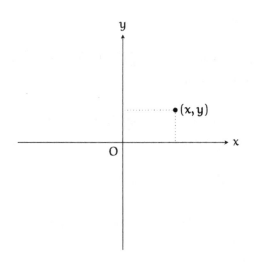

一個平面上的點，可以用 (x, y) 實數對的組合來表示

米爾迦：「所以，整個平面可以視為『所有 (x, y) 實數對的集合』，就像這樣。」

$$\{(x, y) \mid x, y \text{為實數}\}$$

我：「沒錯。」

蒂蒂：「我想想，這表示平面是由許多 $(0, 0)$、$(1, 2)$、$(3.5, -4)$……的點聚集而成的──這樣想可以嗎？」

米爾迦：「可以。最重要的是，要能將『平面』這個幾何學的專有名詞，轉換成『所有 (x, y) 實數對的集合』，變成非幾何學術語的敘述。」

我：「原來如此。」

米爾迦：「再來，我們要用實數、數對、集合等既有的概念，進行討論。我們用實數來描述圖形吧！」

蒂蒂：「不好意思，我的腦袋轉不太過來——現在我們要討論什麼呢？」

米爾迦：「蒂蒂，我們想要在沒有圖形的幫助下，**定義一個** vector。」

蒂蒂：「定義……一個向量？」

米爾迦：「用箭號來表示向量是很容易了解的方法，也沒什麼不對。不過，既然想討論等價這個有趣的話題，就必須嚴格定義 vector 是什麼。這樣才能討論等價的意義。」

蒂蒂：「好的。」

米爾迦：「如果我們將平面視為『所有 (x, y) 實數對的集合』，那麼，該如何定義平面上的 vector 呢？」

問題

若將「平面」視為「所有 (x, y) 實數對的集合」，則該如何定義「平面上的 vector」？

我：「這個嘛……」

蒂蒂：「原來是在講這個啊……學姊想問的是，若不把平面理解成『平坦且無限寬廣的面』，而是『所有 (x, y) 實數對的集合』，向量會長什麼樣子吧！」

米爾迦：「蒂蒂理解得真快啊。」

我：「向量能用這種方式表示吧？只要考慮各自的分量就好。」

「我」的回答

平面上的向量皆可用 (a, b) 的形式表示，
其中 a, b 為任意實數。

蒂蒂：「咦？學長……我搞混了。剛才學長不是有說，知道起
點和終點便能決定一個向量嗎？但是 (a, b) 只是一個點吧？」

我：「嗯，如果用起點和終點的方式來描述，我們會假設起點
是 $(0, 0)$，終點是 (a, b)。由於起點固定是 $(0, 0)$，不需特別
說明，所以向量可以用 (a, b) 來表示。這麼一來，我們便能
得到向量的兩大性質——**方向**與**大小**。(a, b) 可以決定方
向，而大小可以用 $\sqrt{a^2 + b^2}$ 定義。」

蒂蒂：「這樣啊……」

米爾迦：「為了解開蒂蒂的疑惑，我來問你一個問題。假設我
們畫了一個向量，從平面上的一個點 (x_0, y_0)，延伸到另一
個點 (x_1, y_1)，這會是一個 vector 嗎？」

我：「當然是啊。它是一個起點為 (x_0, y_0)，終點為 (x_1, y_1) 的向量，這和有沒有箭號無關。」

米爾迦：「剛才你說『起點為 (x_0, y_0)，終點為 (x_1, y_1) 的向量』吧？」

我：「嗯？」

米爾迦：「你記得你剛才提到，我們可以用 (a, b) 實數對來表示一個向量嗎？」

我：「啊……嗯，先前我提到的 (a, b)，比起說是向量，應該說是位置向量，因為我們將 (a, b) 這個點當作一個向量來看。所謂『起點為 (x_0, y_0)、終點為 (x_1, y_1) 的向量』，與『以實數對 $(x_1 - x_0, y_1 - y_0)$ 表示的向量』意思相同。因為平移後的向量可以用以下式子算出來。」

$$終點 - 起點$$

米爾迦：「蒂蒂，剛才說的妳聽得懂嗎？」

蒂蒂：「是，應該聽得懂。就是……怎麼解釋呢……這兩個箭號可以互相對應，或是說，從原點平移到他處，可以得到另一個箭號吧？」

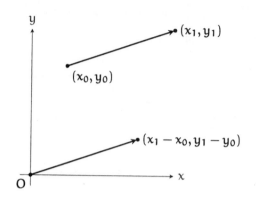

將起點平移到終點位置的向量

米爾迦:「正是如此。既然妳能理解這個概念,用抽象一點的方式,應該也看得懂吧。」

蒂蒂:「?」

米爾迦:「我是指 vector 的定義。先不管他的回答,一步一步思考吧。首先,考慮起點 (x_0, y_0) 與終點 (x_1, y_1) 的組合,可以寫成 $\langle (x_0, y_0), (x_1, y_1) \rangle$。」

$$\underbrace{\langle (x_0, y_0),}_{\text{起點}} \underbrace{(x_1, y_1) \rangle}_{\text{終點}}$$

米爾迦:「接著,令 A 為任意實數 x_0, y_0, x_1, y_1 構成的集合。」

$$A = \{ \langle (x_0, y_0), (x_1, y_1) \rangle \mid x_0, y_0, x_1, y_1 \text{ 為實數} \}$$

我：「這是……A 指的是所有箭號的集合吧？」

米爾迦：「可以這麼講。接著，我們要在這個集合中，引入**等價關係**。」

我：「等價關係？」

米爾迦：「沒錯，就是將妳之前說的『相等』，用數學的方式表示。定義集合 A 內的元素，哪個和哪個『等價』。這裡我們就用等號＝加一個點的 $\doteq$，來代表等價關係吧。」

集合 A 加入等價關係 $\doteq$

考慮集合 A 的兩個元素，

$$\langle (x_0, y_0), (x_1, y_1) \rangle \text{ 與 } \langle (x_0', y_0'), (x_1', y_1') \rangle$$

這兩個元素「等價」，可寫成：

$$\langle (x_0, y_0), (x_1, y_1) \rangle \doteq \langle (x_0', y_0'), (x_1', y_1') \rangle$$

我們定義：

$$\text{只有 } x_1 - x_0 = x_1' - x_0' \text{ 且 } y_1 - y_0 = y_1' - y_0' \text{ 時，}$$

等價關係才成立。

我：「原來如此啊！」

蒂蒂：「學長姊……蒂蒂跟不上了……可以解釋一下嗎……」

2.6　「等價」與「相等」的定義

我：「米爾迦想用座標平面來定義向量。」

蒂蒂：「是的……這點我明白。」

我：「剛才我們將平面定義為 $\{(x, y) \mid x, y \text{ 為實數}\}$。」

蒂蒂：「是的，這個我也聽得懂，一個實數對就是一個點。」

我：「接著，我們將兩個實數對湊在一起，成為一個組合，$\langle (x_0, y_0), (x_1, y_1) \rangle$。」

蒂蒂：「是的……這是將起點和終點湊成一對的意思吧。起點是 (x_0, y_0)，終點是 (x_1, y_1)。」

我：「蒂蒂都聽懂了啊。」

蒂蒂：「可是，我不懂米爾迦學姊說的『定義哪個和哪個等價』！」

我：「咦？」

米爾迦：「蒂蒂，『相等』不會從天上掉下來。」

蒂蒂：「咦？」

米爾迦：「如果要描述一個新的概念，就不能無中生有。我們現在考慮的是集合 A 內的所有元素 $\langle (x_0, y_0), (x_1, y_1) \rangle$，所以我們想定義這個集合內的各個元素，何時可視為『相等』。」

蒂蒂：「我們真的要『定義相等』嗎？」

我：「沒錯。我們將 $\langle (x_0, y_0), (x_1, y_1) \rangle \doteq \langle (x_0', y_0'), (x_1', y_1') \rangle$ 定義成……」

$$x_1 - x_0 = x_1' - x_0' \ \text{且} \ y_1 - y_0 = y_1' - y_0'$$

蒂蒂：「可是，這個……該怎麼理解呢？」

我：「蒂蒂，這個式子看似不好懂，但畫圖妳就明白囉。這兩個三角形的底邊相等、高也相等吧。這正好能用來表示『若平移後可完全重疊，則視為等價』的概念。」

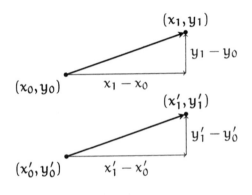

定義兩個向量的等價

蒂蒂：「我想想……因為斜邊的方向和大小相等，所以會重疊。可是這個能說明什麼呢？」

米爾迦：「將等價關係的概念引入集合，而等價關係可將這個集合劃分成各個部分。數學理論常這樣處理。」

我：「等價關係，將集合……」

蒂蒂：「將集合……劃分？」

米爾迦：「沒錯，用等價關係劃分集合，便可產生新的概念。」

蒂蒂：「我完全……不懂。」

米爾迦：「那麼，在討論 vector 之前，先來談談月曆吧！」

2.7　月曆

米爾迦：「假設有一個月曆長這個樣子。」

	1	2	3	4	5	6
7	8	9	10	11	12	13
14	15	16	17	18	19	20
21	22	23	24	25	26	27
28	29	30	31	…	…	…

米爾迦：「上面寫著日期 1, 2, 3……方便起見，我們假設 31 之後的數字仍持續往上加，例如 32, 33, 34……等。將這個月曆上的數字令為集合 D = {1, 2, 3, ...}，並對這個集合 D，引入以下的等價關係 $\doteq$。」

$$m \doteq n \Leftrightarrow m - n \text{ 為 7 的倍數}$$

我：「……」

蒂蒂：「咦……這個是？」

米爾迦：「取集合 D 內的兩個元素相減，若差是 7 的倍數，則這兩個元素即在某種意義上『相等』。」

蒂蒂：「請等一下，可以用這個當例子嗎？假設 $m = 10$ 而 $n = 3$，因為 $10 - 3 = 7$，所以 10 和 3 在某種意義上『相等』……是這個意思嗎？」

米爾迦：「Exactly。」

我：「原來如此。這樣的話，17 和 3、24 和 3，在某種意義上都『相等』吧？因為 $17 - 3 = 14$、$24 - 3 = 21$，兩者的差都是 7 的倍數。」

米爾迦：「沒錯。」

蒂蒂：「差為 7 倍數的兩個元素，在某種意義上可視為『相等』。嗯，我大概懂了……但這有什麼意義呢？」

米爾迦：「這麼一來，便能將集合 D 劃分成七個比較小的類別，也就是將彼此『相等』的元素集合起來，形成一個個類別。」

蒂蒂：「妳是說，3 和 10 是同一類元素……嗎？」

米爾迦：「沒錯，我們把七個小類別都列出來吧。」

$$\{1, 8, 15, 22, \ldots\}$$
$$\{2, 9, 16, 23, \ldots\}$$
$$\{3, 10, 17, 24, \ldots\}$$
$$\{4, 11, 18, 25, \ldots\}$$
$$\{5, 12, 19, 26, \ldots\}$$
$$\{6, 13, 20, 27, \ldots\}$$
$$\{7, 14, 21, 28, \ldots\}$$

蒂蒂：「嗯？」

米爾迦：「舉例來說，最上面的$\{1, 8, 15, 22, \ldots\}$中，任兩個數在某種意義上皆『相等』。1 和 8、22 和 15，1 和 22 也行，任兩數的差皆為 7 的倍數。」

蒂蒂：「原來如此，原來是這樣。同一個$\{\ldots\}$內的數字，彼此在某種意義上皆『相等』。」

我：「還可以寫成這樣喔。」

	1	2	3	4	5	6
7	8	9	10	11	12	13
14	15	16	17	18	19	20
21	22	23	24	25	26	27
28	29	30	31	…	…	…

米爾迦：「剛才我們做的，就是『集合的除法』喔，蒂蒂。」

蒂蒂：「咦？」

米爾迦:「確立等價關係，將彼此等價的元素視為一個新的集合。這麼一來，原先的集合便會被劃分成許多較小的集合，沒有遺漏也沒有重複，這就是『用等價關係劃分集合』。」

蒂蒂:「……」

米爾迦:「接著，如果將這些數字視為日期，便產生了新的概念，那就是……」

我:「『星期』！星期這個概念誕生了！」

米爾迦:「正是如此。這裡假設 1 日是星期一，我們即可為每一個劃分出來的集合命名。」

$$星期一 = \{1, 8, 15, 22, \ldots\}$$
$$星期二 = \{2, 9, 16, 23, \ldots\}$$
$$星期三 = \{3, 10, 17, 24, \ldots\}$$
$$星期四 = \{4, 11, 18, 25, \ldots\}$$
$$星期五 = \{5, 12, 19, 26, \ldots\}$$
$$星期六 = \{6, 13, 20, 27, \ldots\}$$
$$星期日 = \{7, 14, 21, 28, \ldots\}$$

蒂蒂:「這樣啊……」

米爾迦:「於是，我們便成功用等價關係 $\doteqdot$，將集合 D 劃分成七個集合。因為這個過程和除法很像，所以這些集合又總稱為商集合，而商集合可以用 $D/\doteqdot$ 來表示。」

$D/\doteqdot \{$星期一, 星期二, 星期三, 星期四, 星期五, 星期六, 星期日$\}$

米爾迦：「『某種意義上可視為相等』聽起來很難理解,但用這個例子說明就簡單多了。也就是說,同一個集合內的日期是『每星期的同一天』。」

蒂蒂：「……我大概了解學長姊的意思了……應該吧。」

- 決定一個集合(例如日期的集合 D)
- 定義元素之間的等價關係

  (例如 $m \doteqdot n \Leftrightarrow m - n$ 為 7 的倍數)
- 利用這個等價關係將集合劃分成數個小集合

  (利用 $\doteqdot$ 將「相等」的元素聚集在一起,形成一個小小的集合)

蒂蒂：「這麼做就能產生新的概念嗎?就像這個例子的『每星期的同一天』嗎?」

我：「蒂蒂很會整理資訊呢。」

蒂蒂：「可是,這和向量有什麼關係呢?」

米爾迦：「我把話題轉回 vector 吧。」

2.8　向量

米爾迦：「既然蒂蒂把步驟整理出來了,我們就照著步驟說明吧。」

我：「首先,決定一個集合。」

米爾迦：「沒錯。我們將兩個實數對構成的可能組合,作為集

合 A。」

我：「亦即起點 (x_0, y_0) 和終點 (x_1, y_1) 的組合。」

$$A = \{ \langle (x_0, y_0), (x_1, y_1) \rangle \mid x_0, y_0, x_1, y_1 \text{ 為實數} \}$$

米爾迦：「接著，**定義元素之間的等價關係** ≒，妳可以想成要定義這些元素在哪種意義上可視為『相等』，也可以想成可將哪個元素與哪個元素視為『等價』。≒ 這個符號表示 $\langle (x_0, y_0), (x_1, y_1) \rangle$ 與 $\langle (x_0', y_0'), (x_1', y_1') \rangle$ 等價，而等價的定義如下。」

$$x_1 - x_0 = x_1' - x_0' \text{ 且 } y_1 - y_0 = y_1' - y_0'$$

我：「$x_1 - x_0 = x_1' - x_0'$ 且 $y_1 - y_0 = y_1' - y_0'$ 這個式子成立，代表平移之後，可以使起點和終點重合。」

米爾迦：「沒錯。反之，如果平移無法使起點和終點重合，這個式子便不會成立。」

蒂蒂：「啊……我好像有點明白了。的確，這麼一來，就能用數學式來表示向量是否相等了。」

我：「用數學式來表示，令人安心多了。」

蒂蒂：「嗯，對學長來說，或許真是這樣……但是對我來說……我還是覺得箭號的圖比較令人安心……真不好意思。」

米爾迦：「接著，利用等價關係 ≒ 將集合 A 劃分成數個小集合
　　　的步驟，就用箭號的圖來表示吧。」

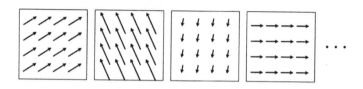

蒂蒂：「啊……原來如此！平移後重疊的向量全聚在一起，都
　　　在同一個集合內耶！」

米爾迦：「沒錯，經過這些步驟，所有符合『等價』條件的元
　　　素所構成的集合，就是一個 vector。從這些圖來看，一個
　　　方框代表一個集合，亦即一個 vector。而所有 vector 的集
　　　合，正是以等價關係 ≒ 劃分集合 A，所形成的所有商集合
　　　A/≒。」

> 米爾迦的回答
>
> 　　　　所有 vector 的集合 = A/≒

米爾迦：「不過，即使知道 A/≒，仍未碰觸到 vector 的有趣之
　　　處。目前我們只有定義『等價』而已，至於 vector 大小的
　　　定義、方向的定義、實數倍的定義、和的定義……等，都
　　　需要藉由實數來完成。」

蒂蒂：「把向量看成一種集合……有點難耶。」

米爾迦：「剛才我們提到，可以把『每星期的同一天』看作一個集合，這個也很難嗎？」

蒂蒂：「不會，把每星期的同一天分在同一個類別，命名為星期一、星期四……這一點都不難。」

米爾迦：「把向量看成一個集合，與這是同樣的意思。」

蒂蒂：「我知道了……我再想想看……」

我：「米爾迦，剛才我提出了位置向量的想法，把 (a, b) 實數對當作一個向量，這有什麼不對嗎？」

米爾迦：「沒有不對。」

我：「咦，可是……」

米爾迦：「因為你剛才提出的 (a, b) 向量，和我用等價關係得到的向量，可以一對一對應。」

$$\{x \mid x \doteqdot \langle (0, 0), (a, b) \rangle, x \in A\} \leftrightarrow (a, b)$$

我：「我想想……這式子……是指所有與『起點為 $(0, 0)$、終點為 (a, b) 的元素』等價，並屬於 A 集合的元素……是嗎？」

米爾迦：「你挑出來的 (a, b) 是從我設定的 vector 集合中，挑出一個元素 $\langle (0, 0), (a, b) \rangle$ 為代表，也可稱作**代表元素**。你的方法沒有錯。」

蒂蒂：「學長姊……我雖然還沒有完全理解，不過大概聽懂一部分了。」

米爾迦：「例如？」

蒂蒂：「該怎麼說呢……主要是『可以從不同角度理解向量』這點。我以前認為向量就是箭號，不過學長告訴我，不管箭號中間的部分怎樣彎來彎去，都不會改變向量的性質。另外，還有『平移前後的向量可視為等價』的性質。」

我：「嗯嗯。」

蒂蒂：「再來就是米爾迦學姊提到的，『用等價關係劃分集合』的概念。雖然還沒有完全理解，但看到圖片中許多聚在一起的箭號，我便大致明白了。相互等價的箭號所組成的集合，就是一個向量。」

米爾迦：「沒錯。」

蒂蒂：「此外，最有趣的是月曆！如果將相隔七天的日期視為『等價』，也就是在某種意義上視為『相等』，便能產生『每星期的同一天』這個概念，例如星期一、星期二……而且，沒想到這居然可以用在看似毫無關係的向量定義！」

　　蒂蒂——真是個不可思議的女孩，她不會忽略自己『覺得還不懂』的地方，也不會『假裝已經懂了』。不過，她對事物本質的理解力，已算是相當高……對了！

我：「對了！描述的能力！」

米爾迦：「？」

蒂蒂：「描述？」

我：「蒂蒂常用『覺得還不懂』來說明自己的感覺。知道自己不懂很重要，不過蒂蒂厲害的地方不是知道自己懂或不懂，不是 0 或 1 的問題；而是知道自己只懂了一部分、懂到什麼程度，並能仔細描述、表達出來。描述的能力就是蒂蒂最強大的力量！」

蒂蒂：「是這樣嗎？」

米爾迦：「就是這樣，蒂蒂。」

瑞谷老師：「放學時間到了。」

「學習新事物，會不會比創造新事物困難呢？」

第 2 章的問題

●問題 2-1（向量差）

給定 $\vec{a}$ 與 $\vec{b}$ 兩個向量，請在下圖畫出 $\vec{a} - \vec{b}$。

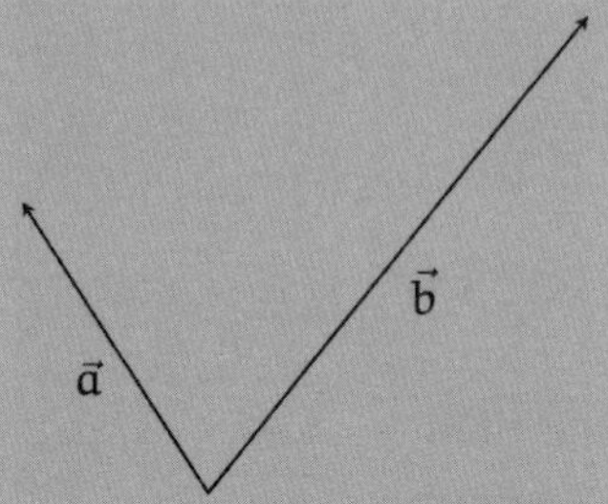

（解答在第 241 頁）

●問題 2-2（向量差）

$\vec{a}-\vec{b}$ 與 $\vec{b}-\vec{a}$ 這兩個向量之間有什麼關係呢？

（解答在第 242 頁）

●問題 2-3（向量和與向量差）

設 $\vec{p}$、$\vec{q}$ 兩個向量，其中 $\vec{p}=\vec{a}+\vec{b}$ 且 $\vec{q}=\vec{a}-\vec{b}$，請畫圖表示 $\vec{p}+\vec{q}$。

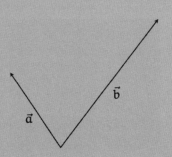

（解答在第 244 頁）

向量的分量與向量和、向量差的關係

假設有兩個向量分別為 $\begin{pmatrix} a_x \\ a_y \end{pmatrix}$ 與 $\begin{pmatrix} b_x \\ b_y \end{pmatrix}$，
則兩向量和與向量差分別如下。

將「分量各自相加所得的結果」作為分量，再將分量組合在一起，即為向量和。

$$\begin{pmatrix} a_x \\ a_y \end{pmatrix} + \begin{pmatrix} b_x \\ b_y \end{pmatrix} = \begin{pmatrix} a_x + b_x \\ a_y + b_y \end{pmatrix}$$

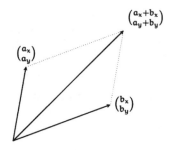

將「分量各自相減所得的結果」作為分量，再將分量組合在
一起，即為向量差。

$$\begin{pmatrix} a_x \\ a_y \end{pmatrix} - \begin{pmatrix} b_x \\ b_y \end{pmatrix} = \begin{pmatrix} a_x - b_x \\ a_y - b_y \end{pmatrix}$$

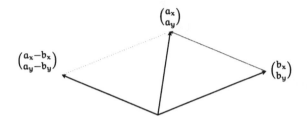

也可以把 $\begin{pmatrix} a_x \\ a_y \end{pmatrix} - \begin{pmatrix} b_x \\ b_y \end{pmatrix}$ 想成 $\begin{pmatrix} a_x \\ a_y \end{pmatrix} + \begin{pmatrix} -b_x \\ -b_y \end{pmatrix}$ 。

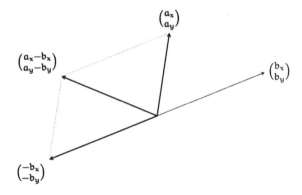

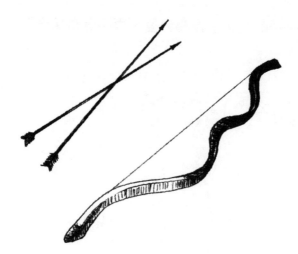

第 3 章

向量的乘法

「玫瑰為什麼是玫瑰？」

3.1　我的房間

由梨：「什麼時候才要教我？」

我：「教什麼？」

由梨：「教乘法啊！你之前不是說還有乘法嗎！我想了好幾次，
但我想破頭還是不知道箭號的乘法要怎麼算啦！」

我：「啊，妳是說向量的乘法嗎？」

　　由梨今天又跑來我的房間玩。之前的數學對話被媽媽的
「義大利麵召喚」打斷，我便暫時把這個話題放在一邊了。

我：「向量的乘法可分為兩種，我們先來看其中一種——內
積。」

由梨：「ㄋㄟˋ　ㄐㄧ？」

我：「沒錯，內部的『內』，乘法的『積』，內積。至於為什
麼會以『內』來命名，我就不知道了……」

由梨：「嗯，也就是說，內積是向量的乘法嗎？」

我：「是啊，雖然和數字的乘法有點不一樣，但這是一種和乘法很像的**演算方法**。」

由梨：「演算是什麼意思？」

我：「妳可以把它想成類似計算的概念。加法、減法、乘法、除法，都是演算。對了，求餘數的計算也是演算。」

由梨：「這樣啊，然後呢？」

我：「兩個實數相乘所得到的結果，是一個實數吧。」

由梨：「$2 \times 3 = 6$ 的 2、3、6 都是實數，你是這個意思嗎？」

我：「沒錯。不過，向量的內積不是這樣，**兩個向量的內積也是一個實數。**」

由梨：「實數相乘和向量相乘的計算結果都是實數，那不是一樣嗎？」

我：「啊——不是這個意思，雖然看起來好像一樣，但我的意思是，計算兩個向量的內積，所得到的結果不是一個向量。」

由梨：「喔……」

我：「咦？妳沒興趣嗎？」

由梨：「這件事很重要嗎？」

我：「很重要啊。國中會練習實數的計算，但不會接觸非實數的計算吧！」

由梨:「是沒錯啦。」

我：「因為妳接觸到的都是實數，所以不會注意自己是拿什麼形式的東西來算，答案又是什麼形式。」

由梨:「嗯。」

我：「不過，我們現在討論的不是實數，而是向量這種數學符號。所以，必須分清楚自己是拿什麼和什麼來計算，得到的又是什麼形式的答案。」

由梨:「我懂了。然後呢？向量乘以向量的答案是一個實數嗎？」

我：「嗯，我們用正式的名字『內積』來稱呼這種計算方式。兩個向量的內積是一個實數。」

由梨:「是怎麼樣的實數呢？」

我：「以下就是**內積的定義**。為了簡化說明，我們只考慮平面上的向量。」

內積的定義

設平面上有兩個向量 $\vec{a}$ 與 $\vec{b}$，

則內積 $\vec{a} \cdot \vec{b}$ 的定義如下：

$$\vec{a} \cdot \vec{b} = |\vec{a}||\vec{b}| \cos \theta$$

其中，θ 為 $\vec{a}$ 與 $\vec{b}$ 的夾角。

由梨:「看起來好麻煩。」

我：「這就是內積的定義，數學家就是這樣定義內積的。」

由梨：「抱歉，哥哥，我投降。」

我：「妳今天怎麼變得那麼消極呢？」

由梨：「看不懂的東西太多了啦！$|\vec{a}|$ 兩邊的直線是什麼啊，絕
　　　對值嗎？向量的絕對值是什麼意思？」

我：「說的也是，如果不知道這些數學符號是什麼，就算告訴
　　妳『這就是內積的定義』，妳大概也很難接受吧。」

由梨：「沒錯，你給我好好教啊。」

我：「妳怎麼突然用大人的口氣說話啊。首先，$|\vec{a}|$ 確實是類似
　　絕對值的概念，這是指向量的大小。」

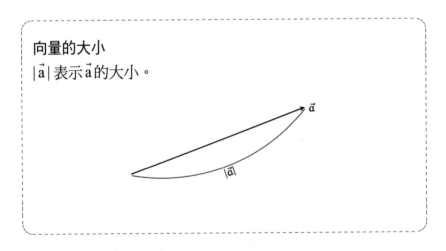

向量的大小
$|\vec{a}|$ 表示 $\vec{a}$ 的大小。

我：「想像一個又長又直的箭號，向量的大小指的是這個箭號
　　的長度，所以一定比 0 大。」

由梨：「咦？向量的長度應該是在 0 以上吧？」

我：「啊，沒錯，抱歉。向量大小可能等於 0，所以向量的大小不是『比 0 大』，而是『0 以上』。」

向量的大小皆在 0 以上

對所有向量 $\vec{a}$ 來說，下列式子皆成立：

$$|\vec{a}| \geqq 0$$

由梨：「認真教啊。」

我：「接著，內積的定義還提到『向量的夾角』，這個也必須了解。不過，這個簡單多了。」

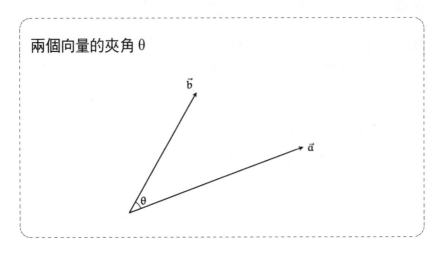

兩個向量的夾角 θ

我：「所謂的向量夾角，是指兩個向量所夾的角度。這裡的 θ
　　角不管多大都沒關係，0° 和 180° 都可以。」

由梨：「180°？」

我：「沒錯，兩個向量的方向相同，夾角即為 0°；兩個向量的
　　走向相同，但方向相反，夾角則是 180°。」

向量 $\vec{a}$ 與 $\vec{b}$ 的夾角為 0°

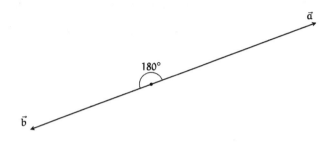

向量 $\vec{a}$ 與 $\vec{b}$ 的夾角為 180°

由梨:「原來如此，夾角 180° 的向量剛好反向嘛。」

我:「向量的大小是 $|\vec{a}|$，兩個向量的夾角則是 θ⋯⋯到這裡沒問題吧?」

由梨:「嗯!沒問題，問題在於 cos。」

我:「嗯，想理解內積的定義，必須知道 cos θ 在這裡的意義。」

3.2 cos

由梨:「啊——之前哥哥有教過我吧? sin 和 cos*。」

我:「沒錯，之前有教妳 sin 和 cos 喔。」

由梨:「畫一個圓，就可以知道 sin 和 cos⋯⋯」

我:「是畫一個半徑為 1 的圓，觀察圓周上的 P 點啦。將圓心

---

* 參考《數學女孩秘密筆記:圓圓的三角函數篇》。

O 與點 P 的連線看成一個會動的半徑，又稱為**動徑**。這時
點 P 的 y 座標是 sin，而 x 座標是 cos。這裡我們關注的是
cos。」

---

cos θ 的定義

設以原點為圓心，半徑為 1 的圓上有一點 P，

且正向 x 軸與動徑 OP 的夾角為 θ，

則點 P 的 x 座標為 cos θ。

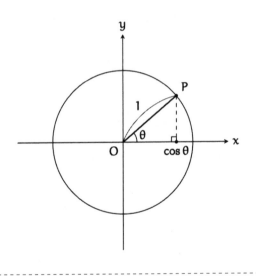

由梨：「這個也是『定義』嗎？」

我：「是啊。既然是定義，就得無條件接受它『就是這個樣
子』，不問理由。不過，確認自己是否『真正了解其意
義』也相當重要喔。」

由梨:「什麼意思啊？」

我：「聽到是定義就死背下來而不去理解，並不好。要像蒂蒂那樣，明白為什麼要這樣定義，會比較好。」

由梨:「我不懂你的意思。」

我：「咦？我的意思是，只是把 $\cos\theta$ 的定義，『設以原點為圓心，半徑為 1 的圓……』這種像咒語一樣的文句，背起來是不行的。如果不知道它想表達的是什麼，便沒有意義。」

由梨:「這不是廢話嗎——」

我：「由梨真的知道 $\cos\theta$ 的定義是什麼嗎？」

由梨:「知道啊！」

我：「妳能不能解釋給哥哥聽呢？」
　　我把桌上的紙翻到背面，並攤開一張新的紙。

由梨:「啊！別蓋起來啦！」

我：「不能偷看，這裡不是有新的紙嗎？用這張紙來說明 $\cos\theta$ 是什麼吧。」

由梨:「說明？好麻煩啊……像這樣嗎喵？」

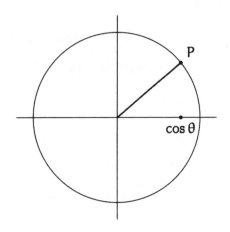

由梨畫的 cos θ 說明圖

我：「然後呢？」

由梨：「這個點 P 下面的點就是 cos θ 吧？」

我：「嗯，沒錯。」

由梨：「耶！你看，我明明就懂！」

我：「嗯，聽完由梨的說明，我覺得由梨應該真的懂。不過，我覺得把細節描述清楚會比較好。」

由梨：「細節是指什麼？」

我：「把妳的圖和我畫的圖比較看看，妳就知道囉。我畫的圖有標明 x 軸和 y 軸，也有用虛線把點 P 和 x 軸連起來。此外，還明確寫出半徑為 1，角度為 θ。」

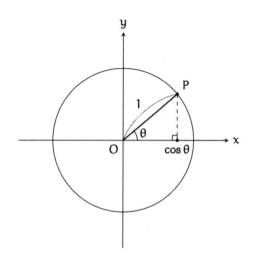

「我」畫的 cos θ 說明圖

由梨：「可是⋯⋯」

我：「像這樣畫出虛線和直角記號，便能清楚告訴別人──如果點 P 的正上方，有一個與 x 軸垂直的燈光打下來，則落在 x 軸上的『點的影子』，就是 cos θ 的位置。」

由梨：「這不是理所當然嘛⋯⋯」

我：「是啊。由梨覺得理所當然，才沒特別標出來。但是，既然有紙給妳盡情地畫，何不把圖畫仔細、符號寫清楚呢？由梨不是喜歡一目瞭然的感覺嗎？現在就是讓妳表現的機會喔。」

由梨：「知道了啦！不要一直說什麼仔細仔細的啦！反正由梨知道 cos θ 是什麼就對了！」

我：「那我問妳喔，當 θ 等於 $0°$，$\cos \theta$ 是多少呢？」

由梨：「0……不對，是 1。」

我：「沒錯，為什麼呢？」

由梨：「如果角度是 $0°$，P 點就會跑到 x 軸上，而 $\cos \theta$ 會等於圓的半徑。」

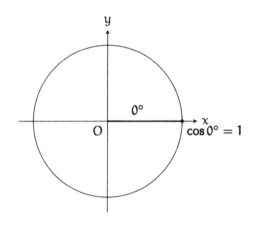

我：「沒錯。因為 $\cos \theta$ 是 P 的 x 座標，所以 $\cos 0° = 1$。」

由梨：「呵呵，你想問什麼，儘管問吧！」

我：「那麼，$\cos 90°$ 呢？」

由梨：「因為是 P 的 x 座標，所以 $\cos 90° = 0$。」

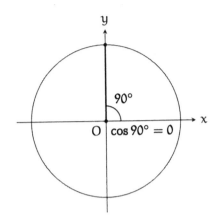

我：「嗯，正確答案。那麼，當 $0° \leq \theta \leq 180°$，$\cos \theta$ 可能是負的嗎？」

由梨：「x 座標是負的——嗯，有可能吧。」

我：「什麼時候會是負的呢？」

由梨：「什麼時候？」

我：「我問的是，θ 的數值是多少，$\cos \theta$ 才會是負的？」

問題

設 $0° \leq \theta \leq 180°$，則 θ 的數值是多少，下列算式才會成立。

$$\cos \theta < 0$$

由梨：「很簡單啊！」

我：「答案是什麼？」

由梨：「我想一下。」

我：「呃……」

由梨：「我知道了。因為有 $0° \leq \theta \leq 180°$ 這個限制，所以答案
　　　是 $90° < \theta \leq 180°$。」

我：「完全正確！」

由梨：「嘿嘿，超簡單的——只是在問 x 座標若為負，角度是
　　　多少而已嘛。」

我：「嗯，而且妳有注意到不要把 $90°$ 放進去。」

由梨：「因為剛剛才說過 $\cos 90° = 0$ 了呀！」

解答

設 $0° \leq \theta \leq 180°$，則須符合：

$$\cos \theta < 0$$

下列式子才會成立：

$$90° < \theta \leqq 180°$$

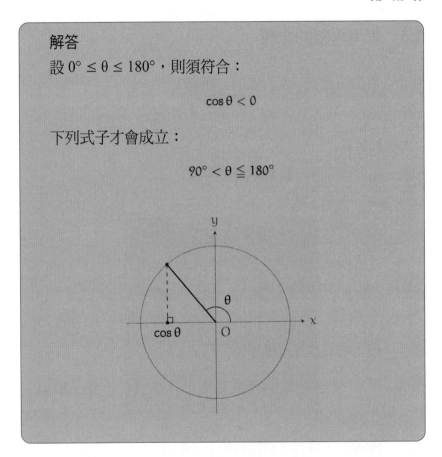

我：「如果妳到這裡都沒問題，要理解向量的內積便不是難事。」

由梨：「真的嗎？」

3.3　思考內積的定義

我：「我們再來看一次內積的定義吧！」

內積的定義

設平面上有兩個向量 $\vec{a}$ 與 $\vec{b}$，

則內積 $\vec{a} \cdot \vec{b}$ 的定義如下：

$$\vec{a} \cdot \vec{b} = |\vec{a}||\vec{b}| \cos \theta$$

其中，θ 為 $\vec{a}$ 與 $\vec{b}$ 的夾角。

我：「剛才的算式沒那麼恐怖了吧？」

由梨：「由梨才不覺得算式恐怖！只是覺得『有點麻煩』啦！」

我：「妳現在不覺得『有點麻煩』了吧？」

由梨：「不會啊。現在我知道 $|\vec{a}|$、$|\vec{b}|$ 是什麼意思了。這兩個都是指向量的大小吧？」

我：「是啊。」

由梨：「我也知道 $\cos \theta$ 是什麼了，就是 x 軸上的影子！」

我：「不對喔。」

由梨：「咦？」

我：「剛才談到 cos，我說 θ 是『x 軸與動徑的夾角』，不過現在的情況不同。內積定義裡的 θ 指的是『兩個向量的夾角』。」

由梨：「咦？那麼現在講的 cos θ 是什麼？」

我：「嗯，現在講的 cos θ，等於下圖的『向量上的影子』。」

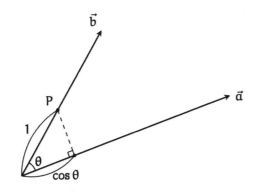

cos θ 為向量上的影子

由梨：「這是什麼？」

我：「假設從起點沿著向量 $\vec{b}$ 的方向移動 1 個單位的地方，有一點 P，而這個點 P 垂直投影在另一個向量 $\vec{a}$ 上。此時，影子在 $\vec{a}$ 上的點與起點的距離，就是 cos θ。」

由梨：「聽不懂。」

我：「把圖轉一下，就看得出來為什麼這樣會得到 cos θ 囉。」

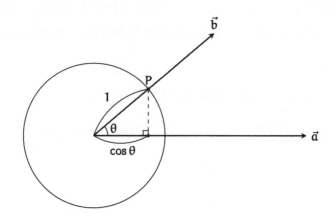

由梨：「啊，真的耶！……這不是很簡單嗎！」

我：「是啊，知道是怎麼一回事，就變簡單了。妳看，仔細把圖畫好很重要吧？」

由梨：「的確……」

我：「如果 cos θ 沒有問題了，接下來——」

由梨：「等一下，怪怪的！」

我：「哪裡怪？」

由梨：「影子有時候會投不出來啊！」

3.4 影子的方向

我：「影子投不出來？」

由梨：「是啊！例如，兩個向量的夾角若大於 90°，就沒辦法投影在向量 $\vec{a}$ 上面啊！」

我：「由梨真聰明！妳說的沒錯，剛才哥哥的說明不太精確。與其說是投影在向量上，不如說是投影在包含這個向量的直線上。如果 $\cos\theta$ 是負的，就要用這個定義。」

由梨：「是負的……」

我：「沒錯，因為當 $\cos\theta > 0$，影子與向量 $\vec{a}$ 同方向；而當 $\cos\theta < 0$，影子與 $\vec{a}$ 反方向。」

由梨：「這就是 $\cos\theta < 0$ 的情形啊。」

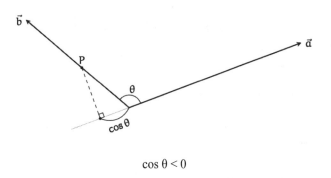

$$\cos\theta < 0$$

我：「是啊，這樣對於 $\cos\theta$，妳沒問題了吧？」

由梨：「這代表我對內積的定義也沒問題了……嗎喵？」

3.5　內積的定義

我：「內積的定義 $|\vec{a}||\vec{b}|\cos\theta$，是由三個數相乘而得，也就是三個數的積。妳知道是哪三個數嗎？」

由梨：「咦？不是 $|\vec{a}|$、$|\vec{b}|$、$\cos\theta$ 嗎？」

我：「正確答案，妳很厲害嘛。」

　　　$|\vec{a}||\vec{b}|\cos\theta$ 為 $\boxed{|\vec{a}|}$、$\boxed{|\vec{b}|}$、$\boxed{\cos\theta}$ 的積

由梨：「我當然厲害囉！」

我：「妳也可以把這個算式看成兩個數的積，也就是 $|\vec{a}|$ 與 $|\vec{b}|\cos\theta$ 的積。」

　　　將 $|\vec{a}||\vec{b}|\cos\theta$ 視為 $\boxed{|\vec{a}|}$ 與 $\boxed{|\vec{b}|\cos\theta}$ 的積

由梨：「咦？」

我：「妳應該知道這裡的 $|\vec{a}|$ 是什麼意思吧？」

由梨：「是向量 $\vec{a}$ 的大小啊。」

我：「沒錯，那麼 $|\vec{b}|\cos\theta$ 是什麼意思呢？」

由梨：「就是向量 $\vec{b}$ 的大小，再乘上 $\cos\theta$ 啊。」

我：「如果把它畫在圖上，就是這一段喔。」

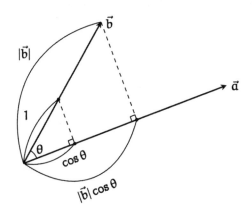

$|\vec{b}|\cos\theta$ 就是這一段

由梨：「嗯，我知道！因為它是 $\cos\theta$ 的倍數。」

我：「是啊。不過用『倍數』形容不太精確，應該說它是 $\cos\theta$ 的 $|\vec{b}|$ 倍，才會得到 $|\vec{b}|\cos\theta$。」

由梨：「……哥哥，我們現在在幹嘛啊？」

我：「我們在解讀內積的定義啊。」

由梨：「等一下喔……」

由梨仔細端詳這張圖，金色的光芒從她的栗色頭髮透出。我在一旁默默看著專注的她。

我：「……」

由梨：「哥哥啊──」

我：「怎麼啦？」

由梨：「向量的內積就是『自己』和『對方影子』的乘積嗎？」

我：「太厲害了！就是這樣，由梨。這是向量內積的一種解釋方式。」

由梨：「咦，可以這樣解釋嗎？」

我：「可以啊。『自己』是在說 $|\vec{a}|$ 吧？」

由梨：「是啊。應該說『自己的大小』，而『對方影子』則是指 $|\vec{b}| \cos \theta$。」

我：「這就對了。由兩個向量 $\vec{a}$ 與 $\vec{b}$，所得到兩個數 $|\vec{a}|$ 與 $|\vec{b}| \cos \theta$。這兩個數相乘的結果，就是向量 $\vec{a}$ 與 $\vec{b}$ 的內積，$\vec{a} \cdot \vec{b}$。這樣懂了嗎？由梨。」

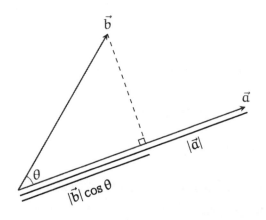

內積 $\vec{a} \cdot \vec{b}$ 是自己的大小 $|\vec{a}|$ 與對方影子 $|\vec{b}| \cos \theta$ 的乘積

由梨：「哇！」

我：「妳堅持到最後，終於懂了呢，由梨。」

由梨：「……」

我：「怎麼啦？」

由梨：「我在想，『自己的大小』和『對方影子』的乘積的確
是乘法，為什麼會被定義成向量呢？我還是無法理解。」

我：「不，由梨應該理解了。正因為由梨知道內積在圖形上的
意義，才會有這樣的疑問。我們一起來思考為什麼內積
『像在做乘法』吧！由梨。」

由梨：「好啊！」

3.6　看起來像乘法嗎？

我：「向量 $\vec{a}$ 與 $\vec{b}$ 的內積定義為 $\vec{a} \cdot \vec{b} = |\vec{a}||\vec{b}| \cos \theta$。」

由梨：「嗯，我覺得好像越來越熟悉這個式子了。」

我：「向量內積 $\vec{a} \cdot \vec{b}$ 用 · 來表示，看起來很像乘法吧？」

由梨：「是啊。」

我：「我們來確認內積配不配得上這個符號吧！」

由梨：「是要確認內積像不像乘法嗎？」

我：「沒錯。我先問一個問題，妳覺得乘法有什麼特色呢？」

由梨：「乘法的答案比加法大？」

我：「咦？不一定喔。乘法得到的結果有時候會比加法小，例
　　　如 100 加 0.1 等於 100.1，但 100 乘以 0.1 等於 10，這個例
　　　子的乘法所得結果比加法小。」

由梨：「是喔。嗯……好難啊。」

我：「的確沒那麼容易。換個思考方式，我們可以看看數的乘
　　　法所遵循的定律，在向量乘法中是否也成立……怎麼
　　　樣？」

由梨：「定律？」

3.7　交換律與內積

我：「舉例來說，乘法會遵守交換律吧。乘號前後兩項交換，
　　　亦即對調順序，並不會改變乘法的結果。對任意數 a, b 來
　　　說，等式 a・b＝b・a 一定成立。」

由梨：「喔……」

我：「向量的內積也會遵守交換律，因為等式 $\vec{a}\cdot\vec{b}=\vec{b}\cdot\vec{a}$ 恆成
　　　立。」

由梨：「真的嗎？」

我：「要確認向量內積是否真的遵守交換律，最好的做法是『回
　　　歸原來的定義』，這樣很快就能得到答案，一行就可以證
　　　明結束。」

向量內積遵守交換律

$\vec{a} \cdot \vec{b} = |\vec{a}||\vec{b}| \cos \theta$　根據內積的定義

$\qquad = |\vec{b}||\vec{a}| \cos \theta$　調換前面兩個數

$\qquad = \vec{b} \cdot \vec{a}$　　　　根據內積的定義

由梨：「這樣不只一行啊！」

我：「呃⋯⋯沒錯啦，由定義可知，內積是 $|\vec{a}|$、$|\vec{b}|$、$\cos \theta$ 三數
的乘積；接著利用乘法交換律，交換 $|\vec{a}|$ 和 $|\vec{b}|$ 在乘法運算
的順序，即可得到證明。亦即，以乘法交換律為基礎，證
明向量內積的交換律。」

由梨：「嗯⋯⋯咦？」

我：「哪裡怪怪的嗎？乘法交換律沒有問題吧？」

由梨：「嗯，那個還好，可是 θ ⋯⋯」

我：「θ 不就是 $\vec{a}$ 和 $\vec{b}$ 兩個向量的夾角嗎？由梨，妳還好吧？」

由梨：「θ 也會被交換吧？」

我：「妳看得很仔細嘛！沒錯，向量 $\vec{a}$ 和 $\vec{b}$ 的夾角，與向量 $\vec{b}$
和 $\vec{a}$ 的夾角相等，由梨很細心喔。」

由梨：「呵呵。因為向量內積有交換律，所以和乘法相似。這
就是我們想要的結論吧？」

我：「算是其中之一啦。」

由梨：「可是，不只是乘法，加法也有交換律，例如 a＋b ＝ b＋a。」

我：「除了交換律，乘法還會遵循哪些規則呢？」

由梨：「有一個和『拆括號』有關的定律吧？但我忘記名稱了。」

我：「妳記得很清楚嘛，這叫作分配律。」

由梨：「分配律？」

3.8　分配律與內積

我：「沒錯，在實數的世界，a · (b＋c)＝a · b＋a · c 成立，而向量內積也適用這個等式。」

由梨：「如何適用呢？」

我：「把乘法換成向量內積，加法換成向量和即可。把兩種等式列出來比較，就一目瞭然了。」

分配律（實數與向量的比較）

$$a \cdot (b + c) = a \cdot b + a \cdot c \qquad \text{這裡的「·」表示實數的乘法}$$

$$\vec{a} \cdot (\vec{b} + \vec{c}) = \vec{a} \cdot \vec{b} + \vec{a} \cdot \vec{c} \qquad \text{這裡的「·」表示向量內積}$$

由梨：「哥哥，這表示⋯⋯實數和向量的分配律形式相同嗎？」

我：「沒錯，將數換成向量，數的乘法換成向量內積，數的加法換成向量和。這麼一來，表示數的分配律等式，就變成向量的分配律等式了，真美！」

由梨：「哥哥的眼睛好像在發光呢！」

我：「在一個世界中推導出來的等式，在其他世界也會成立，這不是很美妙嗎？」

由梨：「不愧是算式魔人。」

我：「我才不是魔人。不過嚴格來說，$\vec{a} \cdot (\vec{b}+\vec{c})$ 的 + 表示向量和，但 $\vec{a} \cdot \vec{b}+\vec{a} \cdot \vec{c}$ 的 + 則是實數的加法⋯⋯這暫且不管，總之，內積的分配律確實和加法的分配律幾乎一樣。」

由梨：「這樣啊。還有沒有其他定律呢？」

我：「有喔。改變乘法的順序，答案仍會一樣。這就是結合律。」

由梨：「結合律？」

3.9　結合律與內積

我：「數的乘法結合律可以寫成 $a \cdot (b \cdot c)=(a \cdot b) \cdot c$。」

由梨：「原來如此喵。把實數的乘法換成向量的內積，就行了

吧。像這樣？」

$$\vec{a} \cdot (\vec{b} \cdot \vec{c}) = (\vec{a} \cdot \vec{b}) \cdot \vec{c} \qquad (?)$$

我：「可惜的是，這不是正確答案。」

由梨：「咦，怎麼會？把它們換掉，就是這樣啊！」

我：「不對，剛才我不是有說過嗎？**兩個向量內積所得到的結果不是向量，而是一個實數。**」

由梨：「？」

我：「兩個實數的乘積是一個實數，但是兩個向量的內積並不是一個向量。所以計算向量內積，實數的結合律並不適用。」

由梨：「什麼啊～」

我：「雖然不適用結合律，但下面這個等式會成立。這個等式看起來很像結合律吧！」

計算向量內積，會成立的等式（與結合律相似）
設 $\vec{a}$ 與 $\vec{b}$ 為任意向量，
k 為任意實數，則以下等式成立。

$$k \cdot (\vec{a} \cdot \vec{b}) = (k \cdot \vec{a}) \cdot \vec{b}$$

由梨：「咦？」

我：「這個算式有幾個地方要特別注意。等號左邊的 $k \cdot (\vec{a} \cdot \vec{b})$
　　表示實數 k 與實數 $(\vec{a} \cdot \vec{b})$ 相乘，等號右邊 $k \cdot \vec{a}$ 則表示實
　　數 k 與向量 $\vec{a}$ 的乘法——也就是向量的實數倍。$k \cdot \vec{a}$ 通常
　　寫成 $k\vec{a}$，所以上面的式子可以改寫成這樣。」

計算向量內積，會成立的等式（與結合律相似）

設 $\vec{a}$ 與 $\vec{b}$ 為任意向量，

k 為任意實數，則以下等式成立。

$$k(\vec{a} \cdot \vec{b}) = (k\vec{a}) \cdot \vec{b}$$

由梨：「實數與向量的乘法……是什麼意思啊？」

我：「嗯，實數與向量的乘法，就是計算向量拉長或縮短多少。
　　也就是，不改變向量方向，只改變向量大小的計算過
　　程。」

實數與向量的乘法（向量的實數倍）

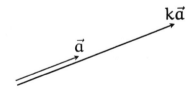

梨「哥哥，怎麼突然變難了啊。」

我：「咦？一點也不難喔。如果實數倍不太好理解，想想看整數倍的意義，就清楚囉。舉例來說，將兩個同樣的向量相加，例如是 $\vec{a} + \vec{a} = 2\vec{a}$，這個妳沒問題吧？」

由梨：「嗯……計算向量加法要用到平行四邊形吧？」

我：「沒錯。」

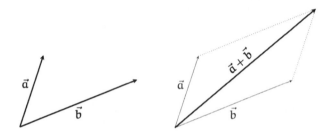

由梨：「所以呢？」

我：「那麼 $\vec{a} + \vec{a}$ 是多少呢？」

由梨：「我想想……啊！原來如此，被壓扁了！」

我：「沒錯，平行四邊形……在這個例子中應該是菱形吧，它會是一個壓扁的菱形。$\vec{a} + \vec{a}$ 會得到一個方向相同、大小變成兩倍的向量，這個向量就是 $2\vec{a}$。」

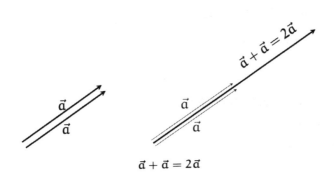

$$\vec{a} + \vec{a} = 2\vec{a}$$

由梨：「原來如此，我懂了。」

我：「這個例子的答案是 $2\vec{a}$，同樣，乘上一個正的實數 k，$k\vec{a}$ 便會是方向相同、大小變為 k 倍的向量。」

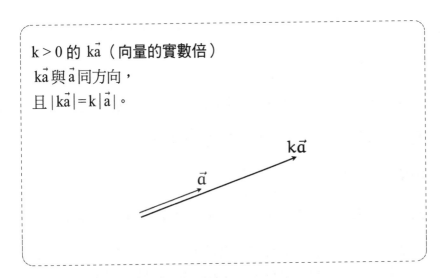

k > 0 的 $k\vec{a}$（向量的實數倍）
$k\vec{a}$ 與 $\vec{a}$ 同方向，
且 $|k\vec{a}| = k|\vec{a}|$。

由梨：「為什麼突然多了一個『正的』條件呢？」

我:「因為負的實數 k 乘上向量,結果會是方向相反、大小變為 $-k$ 倍的向量。」

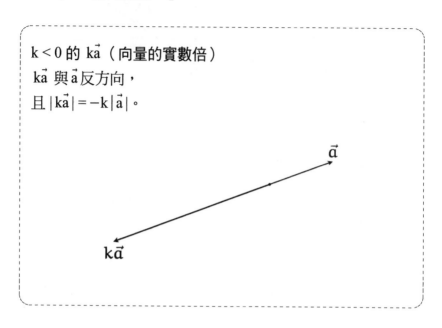

k < 0 的 $k\vec{a}$(向量的實數倍）
$k\vec{a}$ 與 $\vec{a}$ 反方向,
且 $|k\vec{a}| = -k|\vec{a}|$。

由梨:「咦?為什麼大小是 $-k$ 呢?居然是負的……」

我:「因為 k < 0、$-k$ > 0,$-k$ 是正數喔。」

由梨:「對耶。」

我:「如果一開始說的是 $|k\vec{a}| = |k||\vec{a}|$,就沒有這個問題了。」

由梨:「……這樣我就懂了。我終於知道哥哥剛才說的,向量伸長或縮短是什麼意思了,指的是向量的實數倍吧?」

我：「沒錯。對了，若向量乘上 0，會得到一個大小為 0 的向量，也就是零向量 $\vec{0}$。」

$k = 0$ 的 $k\vec{a}$（向量的實數倍）
不須考慮 $k\vec{a}$ 的方向，
$|k\vec{a}| = 0$。

此時，$k\vec{a} = 0\vec{a} = \vec{0}$。

$$\vec{a}$$

$$k\vec{a} = \vec{0}$$

由梨：「嗯……」

我：「以上就是向量的實數倍。而計算向量內積，運用向量的實數倍、內積等三種乘法，即可得到下頁這個等式。」

計算向量內積，會成立的等式（與結合律相似）
設 $\vec{a}$ 與 $\vec{b}$ 為任意向量，
k 為任意實數，則以下等式成立。

$$k(\vec{a} \cdot \vec{b}) = (k\vec{a}) \cdot \vec{b}$$

由梨：「三種乘法？」

我：「是啊，亦即『兩實數相乘』、『向量內積』，以及『向量的實數倍』。因為實數和向量在數學上是兩種不同的東西，所以會有幾種不同的乘法——『實數與實數』、『向量與向量』，以及『實數與向量』。」

由梨：「三種乘法啊……」

我：「我們改變一下符號吧。」

$\circ$　……　兩實數相乘

$\cdot$　……　向量內積

$*$　……　向量的實數倍

我：「這麼一來，我們便知道以下這個等式會成立。」

$$k \circ (\vec{a} \cdot \vec{b}) = (k * \vec{a}) \cdot \vec{b}$$

由梨：「哥哥好像很開心耶。」

我：「向量內積會遵循交換律和分配律，雖然沒有結合律，但有與結合律相似的等式。所以向量內積和實數的乘法幾乎

可看作同一種演算方式。」

由梨：「哥哥的說明讓我大開眼界，但我還是無法理解向量和內積是什麼喵⋯⋯」

由梨扭著她的馬尾。

我：「我用一個具體的例子來說明吧！」

3.10 具體的例子

由梨：「內積的例子嗎？」

我：「是啊。由梨還記得向量 $\vec{a}$ 和 $\vec{b}$ 的內積是怎麼定義的嗎？」

由梨：「當然記得。$\vec{a} \cdot \vec{b} = |\vec{a}||\vec{b}|\cos\theta$。」

我：「沒錯，這裡的 θ 指的是 $\vec{a}$ 和 $\vec{b}$ 的夾角。妳要不要先想想看特殊的 θ，內積是多少呢？」

由梨：「特殊的 θ 是什麼意思？」

我：「就是會使 $\cos\theta$ 的數值較單純的 θ。舉例來說，當 $0° \le \theta \le 180°$，會使 $\cos\theta = 1$ 的 θ 是多少？」

由梨：「會使 $\cos\theta = 1$ 的 θ⋯⋯咦？剛才有提到吧？因為 x 座標等於 1，所以 $\theta = 0°$。」

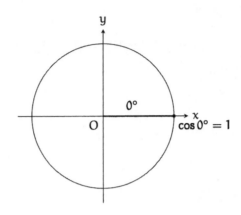

我：「沒錯，cos 0° = 1。那麼，當 θ = 0°，$\vec{a}$ 與 $\vec{b}$ 的內積又是多少？」

由梨：「等一下。如果 θ = 0°，兩個向量的走向就一樣吧？」

我：「是一樣的方向喔。」

由梨：「知道啦！你分得很細耶喵！如果 θ = 0°，兩個向量的方向就一樣了啊？」

我：「是啊。兩個方向相同的向量，內積會怎樣呢？這就是我的問題。」

由梨：「……這個問題是什麼意思啊？」

我：「就是要從定義出發，計算出結果，也就是『回歸定義』。」

由梨：「從定義……$\vec{a} \cdot \vec{b} = |\vec{a}||\vec{b}|$ 出發！」

両個方向相同向量的內積（$\theta = 0°$）

$$\vec{a} \cdot \vec{b} = |\vec{a}||\vec{b}| \cos \theta \qquad \text{根據內積的定義}$$
$$= |\vec{a}||\vec{b}| \qquad \text{因為} \cos 0° = 1$$

我：「沒錯。當兩個向量的方向相同，內積 $\vec{a} \cdot \vec{b}$ 會等於 $|\vec{a}||\vec{b}|$。另外，如果 $|\vec{a}|$、$|\vec{b}|$ 都不是零向量，這個數值會大於 0 吧？」

由梨：「嗯，因為是把兩個箭號的長度相乘。」

我：「正是如此。」

兩個方向相同的向量，內積大於 0

$$\vec{a} \cdot \vec{b} = |\vec{a}||\vec{b}| > 0$$

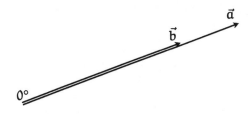

※其中，$\vec{a} \neq \vec{0}, \vec{b} \neq \vec{0}$。

由梨:「大於 0 又怎樣呢?」

我:「再來,想想看另一個特殊的 θ 吧。如果兩個向量方向剛好相反,也就是 θ = 180°,cos θ 是多少呢?」

由梨:「180° 的 x 座標……嗯,是 −1 吧?」

我:「由梨似乎很熟悉 cos 了呢。」

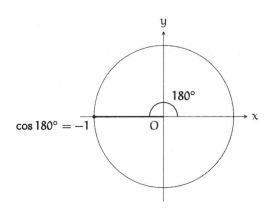

由梨:「然後呢?」

我:「這時的內積會變成 $\vec{a} \cdot \vec{b} = -|\vec{a}||\vec{b}|$ 喔。」

兩個方向相反向量的內積($θ = 180°$)

$$\vec{a} \cdot \vec{b} = |\vec{a}||\vec{b}| \cos \theta \qquad \text{根據內積的定義}$$
$$= -|\vec{a}||\vec{b}| \qquad \text{因為} \cos 180° = -1$$

由梨：「嗯，由定義可以算出答案，可是……這表示了什麼
　　　　呢？」

我：「如果兩個向量都不是 0 向量，且兩個向量的方向相反，
　　　那麼內積 $\vec{a} \cdot \vec{b}$ 即等於 $-|\vec{a}||\vec{b}|$。而這個數值會小於 0。」

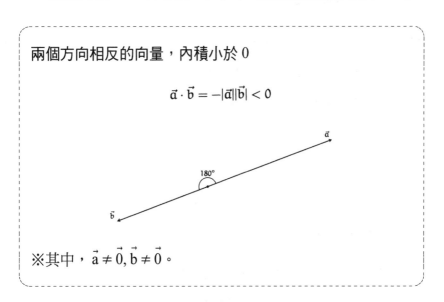

兩個方向相反的向量，內積小於 0

$$\vec{a} \cdot \vec{b} = -|\vec{a}||\vec{b}| < 0$$

※其中，$\vec{a} \neq \vec{0}, \vec{b} \neq \vec{0}$。

由梨：「這我明白啦……不過我看不懂哥哥想幹嘛，我覺得這
　　　　樣很無聊。」

我：「用一句話總結之前計算得到的結果，就是……

　　　　兩向量方向相同，內積大於 0，
　　　　兩向量方向相反，內積小於 0。」

由梨：「所以呢？」

我：「這樣的結果，和我們計算正負數乘法的規則不是很像嗎？」

由梨：「正負數的乘法？」

我：「沒錯，就是正負號的規則……

　　　　正負號相同，乘積大於 0，
　　　　正負號相反，乘積小於 0。」

由梨：「真的嗎？」

計算正負數乘法，如何決定正負號呢？

正負號相同，乘積大於 0：

$$正數 \times 正數 = 正數$$
$$負數 \times 負數 = 正數$$

正負號相反，乘積小於 0：

$$正數 \times 負數 = 負數$$
$$負數 \times 正數 = 負數$$

我：「『向量內積』和『實數乘積』在答案的正負號上，很相似。」

由梨：「真的耶……兩個向量方向相同，和兩個實數的正負號相同的情況類似；方向相反，和兩個實數正負號相反的情況類似！」

我：「沒錯。方向相同，答案大於 0；方向相反，答案小於 0。」

「向量內積」與「實數乘積」的正負號

- 兩個方向相同的向量，內積大於 0。
  兩個方向相反的向量，內積小於 0。
- 兩個正負號相同的實數，乘積大於 0。
  兩個正負號相反的實數，乘積小於 0。

由梨：「好有趣！」

我：「很有趣吧。這是為什麼內積『像是在做乘法』喔。」

由梨：「等一下，我跟你說。」

我：「嗯？」

由梨：「我之前覺得很奇怪，為什麼負數×負數，會得到正數。」

我：「哦，國一生學到負數計算，的確會覺得這很奇怪。」

由梨：「是啊。雖然現在已經習慣了，但是……但是啊，剛才聽完哥哥的解說，我就明白了……」

　　　　正負號或方向相同，相乘會大於 0，

　　　　正負號或方向相反，相乘會小於 0。

　這樣想就對了！」

我：「沒錯。我們可以由乘法答案的正負號，得知兩數的正負
　　號是否相同；也可以從內積答案的正負號，得知兩向量的
　　方向是否相同。」

由梨：「對啊……雖然我不曉得自已是在對什麼，不過有種豁
　　然開朗的感覺！」

媽媽：「孩子們，果汁榨好囉，要不要來喝呢？」

由梨：「要！我要喝！」

　　在媽媽的「果汁召喚」下，我們從房間走向客廳。明明是
在討論向量，不知不覺中，對實數的理解也前進了一小步，讓
我們明白各領域的數學其實環環相扣。數學對話就此告一段落。

　　　　　　「從你對玫瑰的稱呼，可知道你對玫瑰的了解。」

第 3 章的問題

●問題 3-1（求內積）

請求下列向量 $\vec{a}$ 與 $\vec{b}$ 的內積 $\vec{a} \cdot \vec{b}$。

（答案在第 248 頁）

●問題 3-2（求內積）

給定兩實數 c, d，且 $c > 0, d > 0$。設以原點為起點、點 (c, c) 與點 $(-d, d)$ 為終點的向量，分別為 $\vec{u}$ 和 $\vec{v}$，請求內積 $\vec{u} \cdot \vec{v}$。

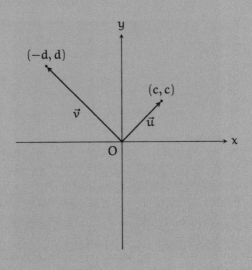

（答案在第 250 頁）

●問題 3-3（cos θ）

若有人問你：「計算內積時，如果把『兩向量的夾角』
的方向看反，會不會算錯呢？」你會怎麼回答呢？

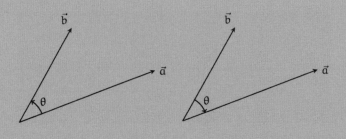

（答案在第 252 頁）

第 4 章

看透圖形的本質

「畫師看得到他人未曾看見的圖樣。」

4.1　在圖書室

　　我像平常一樣來到圖書室，看到蒂蒂忙著在筆記本寫下一行行算式，像在解題的樣子。她時而認真地振筆疾書，時而停下動作，眨著大眼睛抱頭思考，然後翻開下一頁繼續寫。我在旁邊看著這個過程重複了好幾遍。

我：「嗨，蒂蒂。」

蒂蒂：「啊，學長！」

我：「妳好認真啊，在算數學嗎？」

蒂蒂：「是的……」

我：「村木老師的題目？」

蒂蒂：「不是，是題庫。」

我：「妳好像寫了不少。」

蒂蒂：「學長看到了啊！說來慚愧，我想解這個問題，但一直
　　　解不出來。」

問題
請求與圓 $x^2 + y^2 = 1$ 相切之直線 ℓ 的方程式，
設切點為 (a, b)。

我：「哈哈，是這個問題啊……」

蒂蒂：「啊啊啊啊啊啊！先不要說！」

我：「？」

蒂蒂：「先不要說答案！因為我正在想要怎麼解這題！」

我：「這樣啊，抱歉。那——妳現在解到哪裡了呢？」

蒂蒂：「其實我挑戰了好幾次，可是每次都會變成很複雜的算
　　　式……」

我：「可以讓我看一下妳的筆記本嗎？我不會洩漏答案的。」

蒂蒂：「好的．一開始我是這樣想……」

蒂蒂的解題筆記①

設所求直線 ℓ 的方程式為 $y = cx + d$。

因為切點 (a, b) 位在這個直線 ℓ 上,故可將 $x = a$ 與 $y = b$ 代入直線 ℓ 的方程式 $y = cd + d$,得到等式 $Ⓐ$。

$$b = ca + d \qquad \cdots\cdots\cdots\cdots Ⓐ$$

另外,因為切點 (a, b) 為圓上的點,故可將 $x = a$ 與 $y = b$ 代入圓的方程式 $x^2 + y^2 = 1$,得到等式 $Ⓑ$。

$$a^2 + b^2 = 1 \qquad \cdots\cdots\cdots\cdots Ⓑ$$

根據等式 $Ⓐ$,將 $b = ca + d$ 代入等式 $Ⓑ$。

$$a^2 + (\underline{ca + d})^2 = 1$$

展開此式。

$$a^2 + c^2 a^2 + 2cad + d^2 = 1$$

……然後呢?

我:「到『然後呢』就結束了嗎?」

蒂蒂:「是的。寫到那裡,我覺得這麼複雜的算式會不會有問題……於是重新看了一遍過程,發現我一開始就寫錯了。」

我：「寫錯了？」

蒂蒂：「是的，我一開始寫『設所求直線 ℓ 的方程式為 $y = cx + d$』，但是這個方程式只能表示斜線和水平線，沒辦法表示垂直線。」

蒂蒂用雙手劃出水平、垂直的線，像在做健康操。

我：「沒錯。$y = cx + d$ 沒辦法表示與 x 軸垂直的直線。這種直線只能用『x = 常數』的形式表示。」

蒂蒂：「是的。所以我試著利用說明『更加一般化的直線方程式』的參考書籍，找其他方法來挑戰這個問題……」

蒂蒂的解題筆記②

設所求直線 ℓ 上的點可寫成 (x, y)，直線 ℓ 可表示為 $x = ct + d$ 與 $y = et + f$。這裡的 c, d, e, f 為常數，t 為參數。

　　　注意！這裡↑不懂 (> <)〰

由於這個點 (x, y) 在圓上，故可將 $x = ct + d$ 與 $y = et + f$ 代入圓的方程式 $x^2 + y^2 = 1$，得到以下等式。

$$(ct + d)^2 + (et + f)^2 = 1$$

展開此式。

$$c^2 t^2 + 2ctd + d^2 + e^2 t^2 + 2etf + f^2 = 1$$

……所以？

我：「寫到『所以』就結束了呢。」

蒂蒂：「是的。寫到這裡，我發現這個做法比剛才的『解題筆記①』還要複雜，不知不覺就埋頭苦思……」

我：「嗯。」

蒂蒂：「而且啊，參考書籍上寫著『參數』這個名詞，我不知道那是什麼。」

我：「原來如此。所以這邊才會寫著『↑不懂 (> <)〰』啊。」

蒂蒂：「真的很不好意思……我以為只要直線用這種方式表示，就會得到漂亮的式子，但好像不是這麼回事。我好像常碰上這種事。」

我：「這種事是什麼意思？」

蒂蒂：「如果算式太複雜，使用太多符號，我就會覺得『啊，糟了！依照這個步調，一定會完蛋！』但又想不出其他辦法。」

我：「有的時候，的確會碰上這樣的情況。」

蒂蒂：「為什麼會這樣呢？我用的方法，為什麼總是行不通？」

我：「蒂蒂啊，我不會說出答案，但可以讓我給點提示嗎？」

蒂蒂：「好……當然沒問題。剛才我請學長『先不要說』，其實是希望學長教我。」

我：「蒂蒂的解題方法有一個很大的缺點。」

蒂蒂：「咦！什麼缺點？」

我：「題幹中出現很多和圖形相關的文字，例如『圓』、『切點』、『直線』等。這時，第一件要做的事是『**作圖幫助思考**』。」

蒂蒂：「啊！確實如此！」

4.2 作圖幫助思考

我：「作圖幫助思考，是很重要的步驟。雖然題目有給圖形的方程式，所以最後仍需用算式一步步推導。不過，一開始先作圖幫助思考，會比較有效率。圖畫得越詳細越好，這樣說不定會發現蒂蒂看漏的部分。」

蒂蒂：「我有什麼看漏的部分嗎？」

我：「先把圖畫出來吧！」

蒂蒂：「說的也是……這樣可以嗎？」

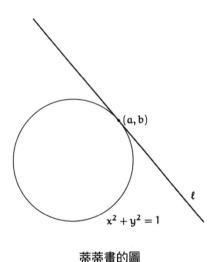

蒂蒂畫的圖

我：「接下來，再仔細讀一遍題目，試著在圖上找出新發現。」

蒂蒂：「好的。『$x^2+y^2=1$……』是圓的方程式吧。」

我：「沒錯，妳可以從這個方程式看出半徑是多少嗎？」

蒂蒂：「方程式是 $x^2+y^2=1$，表示半徑的平方等於 1，所以半徑是 1。」

我：「既然如此，把這些資訊畫在圖上比較好喔。半徑是 1、圓心在原點，最好把座標軸也畫出來，再來看題目怎麼寫。」

蒂蒂：「是的。『圓 $x^2+y^2=1$ 上的點 (a,b)……』要標出點 (a,b) 在哪裡吧。」

我：「嗯。」

蒂蒂：「『圓 $x^2+y^2=1$ 上的點 (a,b) 與直線 ℓ 相切，請求出直線 ℓ 的方程式』，所以我必須畫出一條與圓相切於 (a,b) 的直線 ℓ……學長，到目前為止，我有看漏什麼嗎？」

我：「真要說的話，的確有個地方妳沒注意到喔。」

蒂蒂：「……我不知道哪裡看漏了。」

我：「蒂蒂剛才寫的『解題筆記①』和『解題筆記②』中，都有用到『**點 (a,b) 在圓和直線 ℓ 上**』這個條件。」

蒂蒂：「是的。」

我：「可是，『**直線 ℓ 與圓相切於點 (a, b)**』這個條件沒有寫。」

蒂蒂：「啊！」

我：「蒂蒂剛才的解題過程，只有用到下面這兩個方法。」

- 以 (x, y) 的方程式表示圖形。
- 知道圖形上某一點的座標，將點座標代入圖形的方程式。

蒂蒂：「確實是這樣……」

我：「不過，若能善加利用圓與直線『相切』的條件，問題會變簡單許多。」

蒂蒂：「真的嗎？」

我：「舉例來說，如果我們把這題的圖畫成這樣。」

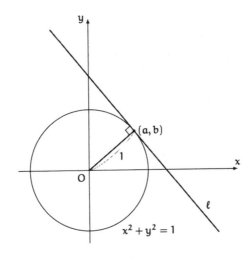

「我」的圖

蒂蒂：「喔……圓的半徑是 1，半徑與直線 ℓ 的夾角是直角。」

我：「沒錯，切點上，半徑和直線 ℓ 所夾的是直角。」

蒂蒂：「這個圖看起來的確清楚多了。」

我：「先確認一下，我們『想求什麼』？」

蒂蒂：「我們想求直線 ℓ。」

我：「沒錯，我們想求的是直線 ℓ 的方程式。**直線方程式**可以想成**點在直線上的條件式**。」

蒂蒂：「是的，這個我明白。也就是說，(x, y) 要符合這個條件式，才會在這條直線上。之前學長教過我和圖形相關的方程式。*」

我：「沒錯，我們想求的是這個條件式。換言之，我們要**看穿直線 ℓ 上的點，有哪些性質**。」

蒂蒂：「看穿性質？」

我：「意思是指『在這個直線 ℓ 上的點，皆擁有某種性質』，反過來說，『一個點擁有哪種性質，便會在直線 ℓ 上』，這就是我們想得到的資訊。」

蒂蒂：「……」

我：「接著，用算式來表示這種性質。」

蒂蒂：「我不太懂這是什麼意思，有點抽象──」

---

*參考《數學女孩的秘密筆記：公式・圖形篇》。

我：「嗯，我用比較具體的例子說明吧！為了看穿直線 ℓ 上的
　　點有什麼性質，先將直線 ℓ 上的一點命名為 P，並將切點
　　命名為 Q。如下圖。」

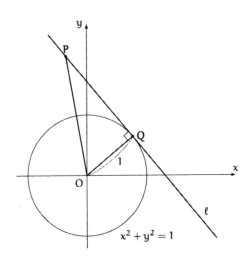

為點命名

蒂蒂：「我明白切點 Q 是什麼，但點 P 有什麼特別的呢？」

我：「點 P 是直線 ℓ 上的任意點。我們的目的是找到所有點 P
　　都擁有的性質，不管點 P 在這個直線 ℓ 上的哪個位置。」

蒂蒂：「所有點 P 都擁有的性質……」

我：「妳有看到這個三角形嗎？」

蒂蒂：「咦？你是說三角形 POQ 嗎？」

我：「妳看得出來這是一個**直角三角形**嗎？」

蒂蒂：「是的，因為點 Q 是切點，所以角 Q 是直角。」

我：「那麼，妳算算看**向量的內積**吧，蒂蒂。」

蒂蒂：「什麼？」

4.3　向量的內積

我：「我要妳算算看向量的內積。」

蒂蒂：「向量的內積嗎？」

我：「嗯，向量 $\overrightarrow{OP}$ 和 $\overrightarrow{OQ}$ 的內積。」

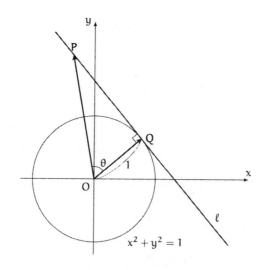

向量 $\overrightarrow{OP}$ 和 $\overrightarrow{OQ}$ 的內積？

蒂蒂：「這個問題會用到向量的內積嗎？」

我：「是啊。算算看 $\overrightarrow{OP}$ 和 $\overrightarrow{OQ}$ 的內積是多少，妳還記得內積的定義吧？蒂蒂。」

蒂蒂：「內積的定義……是這樣嗎？」

內積的定義

$$\overrightarrow{OP} \cdot \overrightarrow{OQ} = |\overrightarrow{OP}||\overrightarrow{OQ}| \cos \theta$$

我：「沒錯，$|\overrightarrow{OP}|$ 是邊 OP 的長度，而 $|\overrightarrow{OQ}|$ 是邊 OQ 的長度。」

蒂蒂：「我想想，內積是 $|\overrightarrow{OP}|$、$|\overrightarrow{OQ}|$ 和 $\cos \theta$ 的乘積——咦？難道是 1 嗎？內積該不會是 1 吧？」

我：「為什麼妳會這麼想呢？」

蒂蒂：「因為 $|\overrightarrow{OP}| \cos \theta$ 剛好和 $|\overrightarrow{OQ}|$ 相等。」

我：「沒錯！正確答案！」

> ## 內積 $\overrightarrow{OP} \cdot \overrightarrow{OQ}$ 等於 1
>
> $$\overrightarrow{OP} \cdot \overrightarrow{OQ} = |\overrightarrow{OP}||\overrightarrow{OQ}| \cos \theta \qquad \text{根據內積的定義}$$
> $$= |\overrightarrow{OQ}||\overrightarrow{OP}| \cos \theta \qquad \text{將乘積的順序前後交換}$$
> $$= |\overrightarrow{OQ}||\overrightarrow{OQ}| \qquad \text{因為} |\overrightarrow{OP}|\cos \theta = |\overrightarrow{OQ}|$$
> $$= |\overrightarrow{OQ}|^2 \qquad |\overrightarrow{OQ}| \text{ 自己乘自己}$$
> $$= 1^2 \qquad \text{因為是圓的半徑，故} |\overrightarrow{OQ}| = 1$$
> $$= 1 \qquad \text{得到答案}$$

蒂蒂：「是這樣啊……」

我：「蒂蒂還記得，兩個向量的內積如何以分量來表示嗎？」

蒂蒂：「我記得，是『乘、乘、加』吧？」

我：「沒錯，舉例來說，向量 $\begin{pmatrix} x \\ y \end{pmatrix}$ 和向量 $\begin{pmatrix} a \\ b \end{pmatrix}$ 的內積，如果用分量來表示，是多少呢？」

蒂蒂：「『x 乘以 a，y 乘以 b，再把兩者加起來』，會得到 $xa + yb$ 嗎？」

以向量的分量表示內積

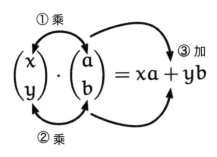

① 乘 ② 乘 ③ 加

$$\begin{pmatrix} x \\ y \end{pmatrix} \cdot \begin{pmatrix} a \\ b \end{pmatrix} = xa + yb$$

我：「沒錯。如果將點 P 以向量 $\begin{pmatrix} x \\ y \end{pmatrix}$ 表示，點 Q 以向量 $\begin{pmatrix} a \\ b \end{pmatrix}$ 表示，將內積以向量的分量來表示，妳應該知道這代表什麼吧？」

$\overrightarrow{OP} \cdot \overrightarrow{OQ} = 1$	$\overrightarrow{OP}$ 與 $\overrightarrow{OQ}$ 的內積等於 1
$\begin{pmatrix} x \\ y \end{pmatrix} \cdot \begin{pmatrix} a \\ b \end{pmatrix} = 1$	設 $\overrightarrow{OP} = \begin{pmatrix} x \\ y \end{pmatrix}$，$\overrightarrow{OQ} = \begin{pmatrix} a \\ b \end{pmatrix}$
$xa + yb = 1$	將向量的內積以分量表示
$ax + by = 1$	改變乘積的順序所得結果

蒂蒂：「我想想……」

我：「這樣我們即可得到 $ax + by = 1$ 這個等式。設直線 ℓ 上的點為 (x, y)，則 $ax + by = 1$ 這個等式會成立。反過來說，滿足這個等式的點 (x, y)，會在直線 ℓ 上。」

蒂蒂：「咦？這個等式就是……」

我：「沒錯，蒂蒂。$ax + by = 1$ 這個等式，就是直線 ℓ 的方程式。」

解答

當切點為 (a, b)，圓 $x^2 + y^2 = 1$ 的切線 ℓ 方程式為：

$$ax + by = 1$$

蒂蒂：「好像在變魔術，請讓我整理一下。」

- 閱讀題目要注意條件，並畫出圖形。
- 設所求直線 ℓ 上一任意點 P 的座標為 (x, y)。
- 設切點 Q 的座標為 (a, b)。
- 則內積 $\overrightarrow{OP} \cdot \overrightarrow{OQ}$ 等於 1。
- 若將內積 $\overrightarrow{OP} \cdot \overrightarrow{OQ}$ 以向量的分量表示，可得 $ax + by = 1$。
- 這就是直線 ℓ 的方程式！

我：「沒錯，整理得相當有條理。妳看，畫圖幫助解題，是不是更有效率呢？」

蒂蒂：「學長！這種解法真的像變魔術呢。用向量表示點，我還可以理解，但為什麼學長會突然想『用內積來解題』呢！」

我：「嗯，我第一次認識這種解法的時候，也相當驚訝喔。不過，仔細想想就能理解了。」

蒂蒂：「怎麼說呢？」

我：「內積指的是其中一個向量在另一個向量上的影子吧？例如 $\vec{a} \cdot \vec{b}$，$|\vec{b}| \cos\theta$ 其實是 $\vec{b}$ 的影子。」

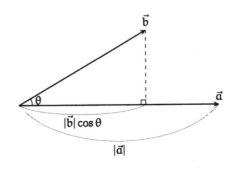

向量的影子

蒂蒂：「$\vec{b}$ 的影子——確實是這樣。」

我：「試著在**不改變影子位置**的情況下，移動 $\vec{b}$ 的終點。這樣妳應該看得出來，$\vec{b}$ 的終點會沿著投影方向形成一條**直線**。換句話說，點就在光線上。我們移動 $\vec{b}$ 的終點，畫出 $\vec{b}'$ 和 $\vec{b}''$ 吧。」

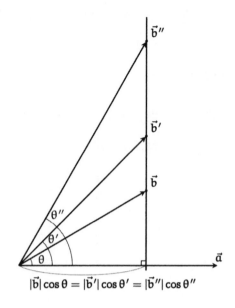

$$|\vec{b}|\cos\theta = |\vec{b}'|\cos\theta' = |\vec{b}''|\cos\theta''$$

在不改變影子位置的前提下，移動 $\vec{b}$ 的終點

蒂蒂：「是這樣嗎？」

我：「由這個圖我們可知──

$$|\vec{b}|\cos\theta = |\vec{b}'|\cos\theta' = |\vec{b}''|\cos\theta''$$

把它們和 $\vec{a}$ 做內積，可以得到──

$$\vec{a}\cdot\vec{b} = \vec{a}\cdot\vec{b}' = \vec{a}\cdot\vec{b}''$$

沒問題吧？」

蒂蒂：「沒問題！」

我：「因為內積保持固定，所以會形成一條直線。」

蒂蒂：「如果內積保持固定，就會形成一條直線……」

我：「是啊，剛才問題中的內積等於 1。不過，不一定要等於 1，只要向量的內積固定，就可以得到一條直線方程式。」

蒂蒂：「……」

我：「另外，切線方程式 $ax+by=1$ 和圓的方程式 $x^2+y^2=1$ 長得很像，這相當有意思吧！如果把 x^2 寫成 xx，y^2 寫成 yy，看起來就更像了。」

切線方程式和圓的方程式很相似

$$ax \quad + \quad by \quad = \quad 1 \qquad 切線方程式$$

$$xx \quad + \quad yy \quad = \quad 1 \qquad 圓的方程式$$

蒂蒂：「……」

我：「蒂蒂？」

蒂蒂：「是的！」

我：「怎麼啦？」

蒂蒂：「沒有啦——我只是覺得，以前我都不曉得為什麼會有內積這種東西，但是求直線方程式，卻可以利用內積得到答案。而根據內積的定義所得到的結果，就像是直射的光線造成的影子啊。」

我：「沒錯，很有趣吧。說到這個，蒂蒂啊。」

蒂蒂：「是的。」

我：「蒂蒂的『解題筆記②』，只要再下點工夫，就能求出切
　　線方程式囉。」

蒂蒂：「咦？」

我：「我記得蒂蒂在筆記的某一頁，有一行字用到表情符號
　　吧。」

蒂蒂：「啊，是的……是這裡嗎？」

蒂蒂的解題筆記②

設所求直線 ℓ 上的點可寫成 (x, y)，直線 ℓ 可表示為
$x = ct + d$ 與 $y = et + f$。這裡的 c, d, e, f 為常數，t 為參數。

注意！ 這裡↑不懂 (> <)⌒⌒

由於這個點 (x, y) 在圓上，故可將 $x = ct + d$ 與 $y = et + f$ 代
入圓的方程式 $x^2 + y^2 = 1$，得到以下等式。

$$(ct + d)^2 + (et + f)^2 = 1$$

展開此式。

$$c^2 t^2 + 2ctd + d^2 + e^2 t^2 + 2etf + f^2 = 1$$

……所以？

我：「沒錯，就是這個。我們讓它起死回生吧，從蒂蒂寫的第一步開始。」

蒂蒂：「第一步嗎？我只是看了參考書籍，照著寫下來。但原本不懂的地方，寫了一遍還是不明白，特別是『t為參數』這個部分。」

我：「這樣啊，這個部分相當重要喔。」

蒂蒂：「是這樣嗎……」

蒂蒂的第一步

設所求直線 ℓ 上的點可寫成 (x, y)，直線 ℓ 可表示為 $x = ct + d$ 與 $y = et + f$。這裡的 c, d, e, f 為常數，t 為參數。

我：「不過，這些文字應該不是從參考書籍上，依樣抄下來的吧？書中寫的是向量形式吧？」

蒂蒂：「咦！為什麼學長知道呢？的確沒錯，因為我覺得寫成向量的形式好難懂，所以把分量分別寫出來了。除此之外，因為 a 和 b 這兩個符號已經用過了，所以我把它們換成 c 和 d。」

我：「嗯，和我想的一樣。不過，寫成向量形式，比較能看出直線的樣子喔，蒂蒂。」

蒂蒂：「直線的樣子？」

我：「不如我們改一下寫法吧！」

蒂蒂：「好的！」

4.4　直線的參數式

我：「重新看一遍吧！圓是 $x^2+y^2=1$，而這個圓上有一點 (a,b)，這個點正好是直線 ℓ 和圓的切點。」

蒂蒂：「是的，沒錯。」

我：「切點為 (a,b)，直線 ℓ 的樣子如下圖。」

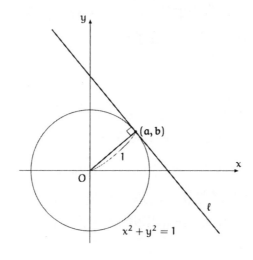

蒂蒂：「是的。」

我：「假設直線 ℓ 上的點為 (x, y)，那麼下面的等式就是**直線的
　　參數式**．雖然和蒂蒂剛才的寫法有點不同。」

直線的參數式

$$\begin{pmatrix} x \\ y \end{pmatrix} = \begin{pmatrix} a \\ b \end{pmatrix} + t \begin{pmatrix} c \\ d \end{pmatrix}$$

蒂蒂：「我……不太清楚這是什麼。不對，我看得出來，這種
　　　寫法和　$x = a + ct$、$y = b + dt$ 其實是一樣的，不過為什麼這
　　　是直線呢？」

我：「沒關係，我現在就來說明吧。事實上，蒂蒂之前把每個
　　分量分開來寫，反而不容易看出是直線。用向量原本的方
　　式寫，比較看得出來。」

蒂蒂：「是這樣嗎？」

我：「讓我們照各項的順序來看 $\begin{pmatrix} x \\ y \end{pmatrix} = \begin{pmatrix} a \\ b \end{pmatrix} + t \begin{pmatrix} c \\ d \end{pmatrix}$ 這個等式的意義
　　吧。首先，這個等式中的 $\begin{pmatrix} x \\ y \end{pmatrix}$ 是什麼意思呢？」

蒂蒂：「嗯，這是一個點，是直線 ℓ 上的某一點。」

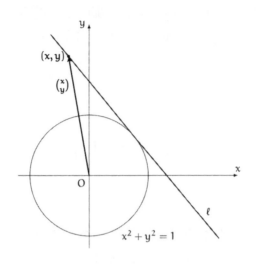

位置向量 $\begin{pmatrix} x \\ y \end{pmatrix}$ 為直線 ℓ 上的點 (x, y)

我：「沒錯。若向量 $\begin{pmatrix} x \\ y \end{pmatrix}$ 的起點與原點重合，則向量終點便會在座標為 (x, y) 的點上。不過，不用想得那麼複雜，只要把向量 $\begin{pmatrix} x \\ y \end{pmatrix}$ 當作表示點 (x, y) 的位置向量即可。」

蒂蒂：「好的……那個，其實我剛才就想問了，『這個點 (x, y) 不代表切點，而是直線 ℓ 上的某一點』這樣想對嗎？」

我：「沒錯。點 (x, y) 是直線 ℓ 上的任意一點。所以，這個點 (x, y) 可能是切點，也可能不是。若用剛才的參數式表示，$t=0$ 的點才是切點。」

蒂蒂：「好的……」

我：「那麼 $\begin{pmatrix} x \\ y \end{pmatrix}$ 就沒問題了。再來看下一項，妳覺得向量 $\begin{pmatrix} a \\ b \end{pmatrix}$ 表示什麼呢？」

蒂蒂：「這個嘛……和剛才一樣，表示一個點吧？向量 $\begin{pmatrix} a \\ b \end{pmatrix}$ 是表示點 (a, b) 的位置向量——這樣想可以嗎？」

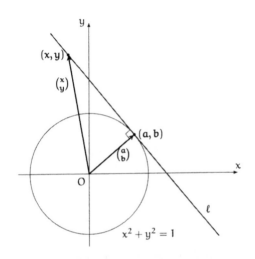

向量 $\begin{pmatrix} a \\ b \end{pmatrix}$ 是表示點 (a, b) 的位置向量

我：「可以，這樣想就對了。不過問題在下一項，妳覺得向量 $t\begin{pmatrix} c \\ d \end{pmatrix}$ 表示什麼呢？」

蒂蒂：「$t\begin{pmatrix} c \\ d \end{pmatrix}$ 是 t 倍的向量 $\begin{pmatrix} c \\ d \end{pmatrix}$。不過，點 (c, d) 究竟在哪裡呢？」

我：「這就是所謂的『問題源頭』。把 $t\begin{pmatrix} c \\ d \end{pmatrix}$ 分成 t 和 $\begin{pmatrix} c \\ d \end{pmatrix}$ 來看，$\begin{pmatrix} c \\ d \end{pmatrix}$ 指的是下頁圖的向量。」

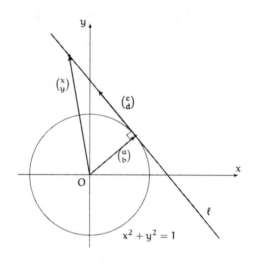

向量 $\begin{pmatrix} c \\ d \end{pmatrix}$ 就在這裡

蒂蒂：「這是和直線 ℓ 走向相同的向量嗎？」

我：「沒錯。$\begin{pmatrix} c \\ d \end{pmatrix}$ 這個向量和直線的走向一致，又稱為直線的方向向量。」

蒂蒂：「可是，我們不知道 c 和 d 是多少啊？」

我：「嗯，這之後再來算即可。現在要做的是，假設有一個和直線 ℓ 走向相同的向量，並將這個向量的分量設為 c 和 d。接著，求出這個方向向量，就可知道直線 ℓ 的性質。換句話說，把 c 和 d 算出來，就能得到直線 ℓ 的方程式。」

蒂蒂：「咦……我好像又聽不太懂了。」

我：「聽完接下來的說明，應該就懂囉，先聽下去吧。總而言之，我們假設向量 $\begin{pmatrix} c \\ d \end{pmatrix}$ 和直線的走向一致，接著再設 t 為實數，這樣妳知道 $t\begin{pmatrix} c \\ d \end{pmatrix}$ 是什麼意思嗎？」

蒂蒂：「知道，是 t 倍的意思。把 t 乘進去變成 $t\begin{pmatrix} c \\ d \end{pmatrix} = \begin{pmatrix} ct \\ dt \end{pmatrix}$，會得到各分量都乘以 t 倍的向量。啊，把順序調換一下，寫成 $\begin{pmatrix} tc \\ td \end{pmatrix}$ 應該比較好吧？」

我：「嗯，若想將 $\begin{pmatrix} c \\ d \end{pmatrix}$ 乘以 t 倍的向量用分量表示，寫成 $\begin{pmatrix} ct \\ dt \end{pmatrix}$ 或 $\begin{pmatrix} tc \\ td \end{pmatrix}$ 都可以。

$$t\begin{pmatrix} c \\ d \end{pmatrix} = \begin{pmatrix} ct \\ dt \end{pmatrix} = \begin{pmatrix} tc \\ td \end{pmatrix}$$

蒂蒂在計算的時候，應該只有想到向量的分量該怎麼寫，沒有想到畫成圖會是什麼樣子吧？」

蒂蒂：「畫成圖？」

我：「$\begin{pmatrix} c \\ d \end{pmatrix}$ 這個向量轉變成 $t\begin{pmatrix} c \\ d \end{pmatrix}$，並沒有改變走向，改變的只有大小。」

蒂蒂：「是的，因為把向量乘以 t 倍，可以看成把向量伸長或縮短。」

我：「沒錯。這有以下幾種情形……

- 若 t>1，則變成較大、同方向的向量。
- 若 t=1，則沒有變化。
- 若 0<t<1，則變成較小、同方向的向量。
- 若 t=0，則變成零向量。
- 若 −1<t<0，則變成較小、反方向的向量。
- 若 t=−1，則變成同樣大小、反方向的向量。
- 若 t<−1，則變成較大、反方向的向量。」

蒂蒂：「是的……不好意思，我反應比較慢。」

我：「怎麼會呢？到了這一步，妳應該看得出來 $\begin{pmatrix} a \\ b \end{pmatrix} + t \begin{pmatrix} c \\ d \end{pmatrix}$ 這個向量的終點，落在哪裡吧？因為這是兩個向量的和，所以可以看成『從原點出發到達 (a, b)，再從 (a, b) 出發，沿著直線延伸』的向量。若將任意實數一個個代入 t，則這個向量的終點會在直線 ℓ 上移動，填滿直線上所有的點——這妳可以接受嗎？」

蒂蒂：「請等一下，讓我想想……嗯，向量 $\begin{pmatrix} a \\ b \end{pmatrix}$ 表示移動到點 (a, b)，而向量 $t \begin{pmatrix} c \\ d \end{pmatrix}$ 則表示移動到直線上的某個點，是這個意思嗎？」

我：「與其說是移動到某個點，不如說是移動到點 (x, y) 喔。」

直線 ℓ 的參數式

通過位置向量為 $\begin{pmatrix} a \\ b \end{pmatrix}$ 的點，且方向向量為 $\begin{pmatrix} c \\ d \end{pmatrix}$ 的直線，可用
參數 t 寫成以下形式。

$$\begin{pmatrix} x \\ y \end{pmatrix} = \begin{pmatrix} a \\ b \end{pmatrix} + t \begin{pmatrix} c \\ d \end{pmatrix}$$

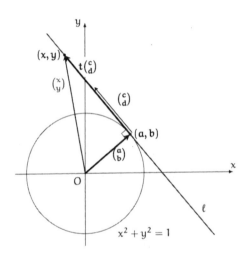

參數 t 為任意實數。

點 (x, y) 會在直線 ℓ 上移動，填滿直線上所有的點。

蒂蒂：「嗯，我覺得我應該懂了。咦？可是，這樣就只能表示
直線上的一點，而不是整條直線耶？」

我：「聽好囉，$\begin{pmatrix} x \\ y \end{pmatrix} = \begin{pmatrix} a \\ b \end{pmatrix} + t \begin{pmatrix} c \\ d \end{pmatrix}$ 中，一個實數 t 決定直線 ℓ 上的
一點。如果 t 依序代入不同實數，就能畫出一條直線 ℓ。變

數t稱作**參數**，用t來表示直線上的點，可以得到**直線的參數式**。因為直線是點的集合，所以這樣就能確定直線的方程式囉。」

蒂蒂：「點的集合！原來如此！我懂了！」

我：「這麼一來，蒂蒂的表情符號(> <)～ 就會消失了吧！接下來的部分很容易理解，我們想求的是什麼，妳還記得嗎？『想求什麼』。」

蒂蒂：「咦──咦？」

4.5　求切線

我：「我們一開始的問題是『給定切點 (a, b) 與圓 $x^2 + y^2 = 1$，請求與此圓相切的直線 ℓ』吧！既然如此，要從 $\begin{pmatrix} x \\ y \end{pmatrix} = \begin{pmatrix} a \\ b \end{pmatrix} + t \begin{pmatrix} c \\ d \end{pmatrix}$ 這個算式中求出什麼，才能得到答案呢？」

蒂蒂：「我不太確定……不過，我想或許是 c 和 d？」

我：「沒錯，正確答案。a 和 b 是給定的條件，不需計算它們是多少。t 是參數，代表一個在實數線上跑來跑去的變數，所以不需要計算。因此，只要求出 c 和 d，就能決定直線 ℓ。」

蒂蒂：「接下來，要列出方程式吧？」

我：「不，沒有必要喔，妳仔細看一下圖應該就明白了。妳想想看向量 $\begin{pmatrix} c \\ d \end{pmatrix}$ 和向量 $\begin{pmatrix} a \\ b \end{pmatrix}$ 有什麼關係。」

蒂蒂：「夾角是直角……」

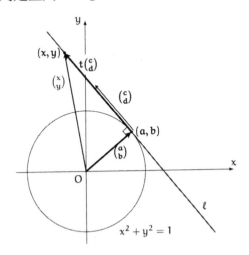

我：「沒錯，因為 ℓ 是切線，所以 $\begin{pmatrix} c \\ d \end{pmatrix}$ 和 $\begin{pmatrix} a \\ b \end{pmatrix}$ 這兩個向量的夾角是直角，也就是正交。和給定的向量 $\begin{pmatrix} a \\ b \end{pmatrix}$ 正交的向量相當多，我們只要找到其中一個即可。」

蒂蒂：「相當多嗎？」

我：「相當多啊，因為我們沒有特別指定向量的大小，所以與它正交的向量有無限多個。」

蒂蒂：「啊……原來是這樣啊。」

我：「把 $\begin{pmatrix} a \\ b \end{pmatrix}$ 的分量交換，並改變其中一個分量的正負號，就能得到一個與 $\begin{pmatrix} a \\ b \end{pmatrix}$ 正交的向量。」

蒂蒂：「咦？」

我：「舉例來說，$\begin{pmatrix} b \\ -a \end{pmatrix}$ 就是和 $\begin{pmatrix} a \\ b \end{pmatrix}$ 正交的其中一個向量。」

蒂蒂：「把 a 和 b 交換，改變其中一個分量的正負號，就會得到 b 和 −a。」

我：「沒錯，這樣就可以得到一個和原向量正交的向量。妳知道為什麼 $\begin{pmatrix} a \\ b \end{pmatrix}$ 和 $\begin{pmatrix} b \\ -a \end{pmatrix}$ 會正交嗎？」

蒂蒂：「我不知道……」

我：「妳還記得『兩個向量正交的條件』嗎？假設有兩個向量，分別是 $\vec{a}$ 和 $\vec{b}$，且皆不為零向量，則──

$$\text{『}\vec{a} \text{ 與 } \vec{b} \text{ 正交』} \Leftrightarrow \vec{a} \cdot \vec{b} = 0$$

換句話說，如果兩個向量都不是零向量，則這兩個向量正交的條件是『內積為 0』。」

蒂蒂：「真的耶！我怎麼會忘了呢？」

我：「可能因為蒂蒂還沒完全消化『向量間的夾角決定內積的值』這個概念吧。但回想內積的定義，馬上就能明白囉。」

蒂蒂：「內積的定義就是 $\vec{a} \cdot \vec{b} = |\vec{a}||\vec{b}| \cos \theta$ 吧──啊，說的也是，正交就是 $\cos \theta$，而 $\cos \theta$ 等於 0 嘛！」

我：「沒錯，若向量在另一向量上的影子為一個點，代表兩向量正交。這樣妳應該就明白為什麼 $\begin{pmatrix} a \\ b \end{pmatrix}$ 和 $\begin{pmatrix} b \\ -a \end{pmatrix}$ 會正交了吧，

想一想用分量表示的內積。」

蒂蒂:「『乘、乘、加』……真的是 0 耶!」

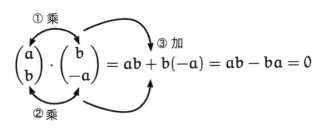

①乘
③加
②乘

$$\begin{pmatrix} a \\ b \end{pmatrix} \cdot \begin{pmatrix} b \\ -a \end{pmatrix} = ab + b(-a) = ab - ba = 0$$

用分量表示內積

我:「所以,要寫出直線 ℓ 的參數式,可以用 $\begin{pmatrix} b \\ -a \end{pmatrix}$ 代替剛才的 $\begin{pmatrix} c \\ d \end{pmatrix}$。」

以參數表示所求直線 ℓ

通過位置向量為 $\begin{pmatrix} a \\ b \end{pmatrix}$ 的點,且方向向量與 $\begin{pmatrix} a \\ b \end{pmatrix}$ 正交的直線,可用參數 t 寫成以下形式。

$$\begin{pmatrix} x \\ y \end{pmatrix} = \begin{pmatrix} a \\ b \end{pmatrix} + t \begin{pmatrix} b \\ -a \end{pmatrix}$$

蒂蒂:「這樣就能求出直線 ℓ 是什麼了嗎?」

我:「是啊,這樣就能求出直線 ℓ 的參數式。不只是參數式,若想轉換成我們平常表示直線的形式也不難。」

蒂蒂:「?」

我:「首先,把直線的參數式寫成聯立方程式吧!」

$$\begin{cases} x = a + bt \\ y = b + (-a)t \end{cases}$$

我：「然後，把參數 t 消去即可。把 x 分量乘以 a，y 分量乘以 b……」

$$\begin{cases} ax = a^2 + abt & \cdots\cdots ① & \text{x 分量乘以 a} \\ by = b^2 + b(-a)t & \cdots\cdots ② & \text{y 分量乘以 b} \end{cases}$$

我：「……再來，把①和②兩式相加，消去 t。」

$$ax + by = a^2 + b^2$$

我：「因為點 (a, b) 在圓 $x^2 + y^2 = 1$ 上，所以 $a^2 + b^2 = 1$，亦即上式等號右邊等於 1。」

$$ax + by = 1$$

解答
當切點為 (a, b)，圓 $x^2 + y^2 = 1$ 的切線 ℓ 方程式為：

$$ax + by = 1$$

蒂蒂：「原來如此。」

我：「整理一下解題步驟吧。」

- 以參數表示切線。
- 將參數式理解成向量所形成的直線。
- 寫出正交的向量。

蒂蒂：「我只會用代入算式的方法攻擊啊……」

我：「攻擊？」

蒂蒂：「是啊，攻擊數學題目這隻怪獸！」

我：「哈哈哈，是這個意思啊。」

米爾迦：「嗨，聊到渾然忘我的兩位。」

蒂蒂：「米爾迦學姊！」

4.6　米爾迦

米爾迦：「今天你們討論什麼問題？」

蒂蒂：「求切線方程式的問題──或說，用向量做內積的問題。」

米爾迦：「喔──」

　　米爾迦推了一下金框眼鏡，看向蒂蒂的筆記，神情相當認真。她很擅長從新的角度看待問題，並以簡單的方式說明複雜的概念。

我：「我們剛才聊到，有時候向量內積可以迅速解決某些題目。」

米爾迦：「這個圖是蒂蒂畫的？」

我：「是我畫的。」

米爾迦：「這樣啊。」

我：「哪裡畫錯了嗎？」

米爾迦：「沒有畫錯，原來你也會畫圖啊。」

我：「當然會。對解圖形問題來說，畫圖很重要啊。」

米爾迦：「沒錯，不過有時候也會出現很難畫的 vector 啊。」

蒂蒂：「學姊是說有的箭號很難畫嗎？」

米爾迦：「四維以上的高維度圖形很難畫出來吧？」

我：「是這樣沒錯。與其說很難畫，不如說根本畫不出來。」

蒂蒂：「四維⋯⋯」

米爾迦：「即使是三維以下，要畫出**函數空間**也沒那麼容易。」

我：「函數空間？」

蒂蒂：「函數空間？」

4.7　函數空間

米爾迦：「所謂的函數空間，可以想成函數的集合，通常會加上連續性或微分可能性等條件。」

我：「是把函數當作元素，所形成的集合嗎？」

米爾迦：「沒錯。不過表示函數空間的，不是一個單純的集合，通常會加入一些結構上的定義。函數空間裡的一個元素，也就是一個函數，會被視為一個點。這樣的描述借用了幾何學的名詞。考慮一個 "vector space"，如果加入內積概念，就能夠定義『函數的大小』和『兩函數的夾角』等，相當有趣。再來就是正交——」

蒂蒂：「米爾迦學姊！打斷妳十分抱歉。人家完全無法理解『兩函數的夾角』是什麼，這到底是什麼意思呢？完全無法想像！我們可以像用量角器一樣，量出『這個函數和那個函數之間是直角』嗎？」

米爾迦：「不是用量角器，我們要用內積代替量角器。」

米爾迦在筆記本寫下算式，開始她的「授課」。

米爾迦：「舉個實際的例子來說明吧。考慮一個由實係數多項式所形成的函數集合 V。條件設成『多項式的次數為二次以下』如何呢？」

我：「原來如此，所以 V 裡面的元素就包括 $x^2 - 1$ 和 $x^2 + 3x + 2$ 等元素囉？」

米爾迦：「沒錯，不只如此。次數規定並非『二次』，而是『二次以下』，所以一次函數例如 $2x + 3$，或常數函數例如 3，也是這個集合的元素。」

蒂蒂：「不好意思，米爾迦學姊。為什麼這個函數的集合要設為 V 呢？不是集合（set）的 S，也不是函數（Function）的

F……」

米爾迦：「因為我打算把這個幾何當作 Vector（向量）的集合。」

蒂蒂：「啊……原來是這樣。不過，把函數當成向量，畫在圖上就不是箭號了吧？」

米爾迦：「集合 V 可以用下面的方式來表示，將 V 元素的所需條件以數學式表示。為求格式一致，所以我用 x^0 來表示 1。」

集合 V（函數空間的一個例子）

假設所有次數在 2 以下的多項式，集合為 V。

$$V = \{a_0 x^0 + a_1 x^1 + a_2 x^2 \mid a_0, a_1, a_2 \text{ 是實數}\}$$

我：「這是以 a_0, a_1, a_2 為係數的函數集合吧！係數是實數，代表 a_0, a_1, a_2 為任意實數。」

米爾迦：「當然。」

我：「啊，我知道了。a_0, a_1, a_2 是分量嗎？」

蒂蒂：「我還是不太明白……所以 $a_0 x^0 + a_1 x^1 + a_2 x^2$ 是一個向量嗎？」

米爾迦：「沒錯，可以把 $a_0 x^0 + a_1 x^1 + a_2 x^2$ 看成三維的 vector，$\begin{pmatrix} a_0 \\ a_1 \\ a_2 \end{pmatrix}$。」

我：「果然如此。」

蒂蒂：「請等一下。這麼說來……如果是 $2x^2 + 3x + 4$，就是 $\begin{pmatrix} 2 \\ 3 \\ 4 \end{pmatrix}$ 嗎？」

我：「是啊，把係數排出來即可。」

米爾迦：「不對，排係數要遵循由低到高的順序。因為定義是寫 $a_j x^j$，這樣下標和指數才會一致。」

我：「對耶。以 $2x^2 + 3x + 4$ 為例，即須改寫成 $4 + 3x + 2x^2$，係數是 $4, 3, 2$，所以是 $\begin{pmatrix} 4 \\ 3 \\ 2 \end{pmatrix}$ 嗎？」

米爾迦：「沒錯。」

我：「還滿簡單的嘛，因為只是把係數拿出來排在一起。」

米爾迦：「是啊。」

蒂蒂：「不好意思，學長姊。我還是不太明白。那個……二次函數在平面上畫成圖，可以得到拋物線；那麼三維的向量畫成圖，又會變成什麼樣子呢？」

米爾迦：「蒂蒂把『描繪函數圖形的座標平面』和『將函數視為一個點的函數空間』搞混囉。」

蒂蒂：「？」

米爾迦：「我們現在做的是一種函數的處理方式。考慮函數 $a_0x^0 + a_1x^1 + a_2x^2$，將它的係數 a_0, a_1, a_2 當成座標，視為三維空間中的一點 (a_0, a_1, a_2)。這樣便能將它當作一個三維 vector，$\begin{pmatrix} a_0 \\ a_1 \\ a_2 \end{pmatrix}$。因此，一個函數可視為一個點，也可視為一個 vector。」

我：「蒂蒂啊，我們在畫 $y = 4 + 3x + 2x^2$ 這個函數圖形時，會取很多個 x 的點，再將它們連成線。而這些點都是在 (x, y) 座標平面上的點吧。不過，現在米爾迦說的函數空間，則是和座標平面完全不同的東西。米爾迦說的是一個三維空間，而函數 $y = 4 + 3x + 2x^2$ 則對應到這個空間的點 $(4, 3, 2)$ ⋯⋯沒錯吧？」

米爾迦：「沒錯。」

蒂蒂咬著指甲想了一會兒。

蒂蒂：「好的⋯⋯我好像有點明白了，是我誤解『點』的意思。在函數空間中，函數是一個點。而 $a_0x^0 + a_1x^1 + a_2x^2$ 這個函數會對應到 (a_0, a_1, a_2) 這個點，所以這和函數本身的圖形確實是兩回事。」

米爾迦：「妳若明白這個道理了，『函數的內積』就不是問題。」

函數的內積

於集合 V 內取兩個元素：

$$f(x) = a_0 x^0 + a_1 x^1 + a_2 x^2$$
$$g(x) = b_0 x^0 + b_1 x^1 + b_2 x^2$$

則元素 $f(x)$ 與 $g(x)$ 的內積 $f(x) \cdot g(x)$ 定義如下：

$$f(x) \cdot g(x) = a_0 b_0 + a_1 b_1 + a_2 b_2$$

我：「這很好理解啊。設 $f(x)$ 是 $\begin{pmatrix} a_0 \\ a_1 \\ a_2 \end{pmatrix}$，而 $g(x)$ 是 $\begin{pmatrix} b_0 \\ b_1 \\ b_2 \end{pmatrix}$，則內積就是各分量乘積的總和。」

米爾迦：「沒錯。」

我：「這個計算過程確實和用分量計算內積的樣子很像……可是，這有什麼意義呢？」

米爾迦：「計算實數 vector 的內積，會在『已定義 vector 的大小和 vector 夾角』的前提下，定義 vector 的內積，如下所示。」

$$\vec{a} \cdot \vec{b} = |\vec{a}||\vec{b}| \cos \theta$$

蒂蒂：「在已定義大小和角度的前提下？嗯，確實是這樣……」

米爾迦：「不過，我們並不知道『函數的大小』和『函數的夾角』是多少吧？」

蒂蒂:「沒錯,可是……」

米爾迦:「反過來想。」

蒂蒂:「?」

米爾迦:「不是『由大小與角度來定義內積』,反之,是『由內積來定義大小與角度』。」

蒂蒂:「咦!可以這樣嗎?」

我:「可以喔,蒂蒂,只要把數學式的定義與解讀方式改一下!」

米爾迦:「沒錯。」

蒂蒂:「改變數學式的解讀方式……是什麼意思呢?」

我:「把 $\vec{a} \cdot \vec{b} = |\vec{a}||\vec{b}| \cos\theta$ 這個等式,想成定義 $\cos\theta$ 的數學式!」

$$\vec{a} \cdot \vec{b} = |\vec{a}||\vec{b}| \cos\theta \qquad \text{定義內積的數學式}$$

$$\cos\theta = \frac{\vec{a} \cdot \vec{b}}{|\vec{a}||\vec{b}|} \qquad \text{想成定義角度的數學式}$$

蒂蒂:「……」

我:「嗯,所以把『向量的內積』除以『兩向量大小的乘積』,可以得到 $\cos\theta$。因為我們將函數視為向量,也定義了函數的內積,所以函數之間的夾角——$\cos\theta$,即算得出來!」

蒂蒂：「……？」

我：「妳還是不懂嗎？」

蒂蒂：「不是，經過學長的說明，我終於明白是什麼意思了。
很神奇呢！不過……我雖然明白怎麼定義『函數的內
積』，但『函數的大小』要怎麼定義呢？等式中的 $|\vec{a}|$ 和
$|\vec{b}|$ 如何定義？」

$$\cos\theta = \frac{\vec{a} \cdot \vec{b}}{|\vec{a}||\vec{b}|}$$

我：「嗯……這的確是個問題。函數大小的定義……我知道
了！把它想成實數向量的情形即可。$a_0x^0 + a_1x^1 + a_2x^2$ 會對
應到 $\begin{pmatrix} a_0 \\ a_1 \\ a_2 \end{pmatrix}$，所以可以像一般的向量大小一樣，定義成
$\sqrt{a_0^2 + a_1^2 + a_2^2}$！」

蒂蒂：「哇！」

我：「如果兩函數之間的夾角為 θ，即可得到下頁的等式！」

> **兩函數間的夾角**
>
> 取集合 V 內的兩個函數：
>
> $$f(x) = a_0 x^0 + a_1 x^1 + a_2 x^2$$
> $$g(x) = b_0 x^0 + b_1 x^1 + b_2 x^2$$
>
> 設 f(x) 與 g(x) 所夾「角度」為 θ，則 cos θ 的定義如下：
>
> $$\cos \theta = \frac{\vec{a} \cdot \vec{b}}{|\vec{a}||\vec{b}|}$$
> $$= \frac{a_0 b_0 + a_1 b_1 + a_2 b_2}{\sqrt{a_0^2 + a_1^2 + a_2^2}\sqrt{b_0^2 + b_1^2 + b_2^2}}$$

蒂蒂：「哇……好複雜的式子。」

我：「這樣寫對嗎，米爾迦？」

米爾迦：「當然，正確無誤。不過，既然都做到這一步了，何不全部用內積定義呢？」

我：「全部？」

米爾迦：「你是由實數 vector 來類推 vector 大小的定義，並以分量表示成 $\sqrt{a_0^2 + a_1^2 + a_2^2}$。」

我：「我這樣想很正常吧。」

米爾迦：「你沒想過用『自己對自己的內積』來表示嗎？」

我：「自己對自己的內積？以 $\vec{a}$ 來說，妳指的是 $\vec{a} \cdot \vec{a}$ 嗎？」

米爾迦：「沒錯。」

我：「原來如此！用分量表示 $\vec{a} \cdot \vec{a}$，可以得到『大小的平方』！」

$$
\begin{aligned}
\vec{a} \cdot \vec{a} &= \begin{pmatrix} a_0 \\ a_1 \\ a_2 \end{pmatrix} \cdot \begin{pmatrix} a_0 \\ a_1 \\ a_2 \end{pmatrix} && \text{以分量表示向量} \\
&= a_0 a_0 + a_1 a_1 + a_2 a_2 && \text{以分量表示內積} \\
&= a_0^2 + a_1^2 + a_2^2 && \text{轉成平方的形式} \\
&= \left(\sqrt{a_0^2 + a_1^2 + a_2^2} \right)^2 && \text{開根號再平方} \\
&= |\vec{a}|^2 && \text{表示成向量大小的平方}
\end{aligned}
$$

蒂蒂：「學長……這有什麼意義嗎？」

我：「這麼一來，『向量大小』就能完全由『向量內積』來定義囉，蒂蒂！」

$$
\begin{aligned}
|\vec{a}|^2 &= \vec{a} \cdot \vec{a} && \text{根據上述計算} \\
|\vec{a}| &= \sqrt{\vec{a} \cdot \vec{a}} && \text{兩邊開根號}
\end{aligned}
$$

米爾迦：「沒錯，根據內積的一般性定義，這裡必須確保 $\vec{a} \cdot \vec{a} \geq 0$。」

以內積表示向量大小

$$|\vec{a}| = \sqrt{\vec{a} \cdot \vec{a}}$$

米爾迦：「這樣就能只用內積來表示角度了。如果 $\vec{a}$ 與 $\vec{b}$ 其中一個為 $\vec{0}$，即沒有定義角度。但要定義得嚴謹一點，還必須標註 $-1 \leqq \cos\theta \leqq 1$。」

以內積表示兩向量的夾角

$$\cos\theta = \frac{\vec{a} \cdot \vec{b}}{\sqrt{\vec{a} \cdot \vec{a}}\sqrt{\vec{b} \cdot \vec{b}}}$$

我：「原來如此，太厲害了！只要定義如何計算『向量的內積』，就能定義『向量大小』和『兩向量的夾角』。不過，米爾迦，這麼一來，主角好像變成內積了耶？」

米爾迦：「沒錯，適當引入內積的集合，稱作內積空間，引入的同時也定義了角度與大小的概念。定義了角度，就表示定義了方向。由內積定義出來的方向與大小，使我們構築一個與實數向量類似的空間。」

蒂蒂：「嗯……我還是不太能掌握函數之間的夾角，大概是因為畫不出來吧……」

米爾迦：「其實，處理函數空間的問題時，比起夾角的大小，我們更常關注的是『兩函數是否正交』。」

蒂蒂：「這也是我不太理解的概念……不好意思，函數和函數會正交嗎？」

米爾迦：「舉例來說，假如從我們剛才討論的函數空間 V 取出三個函數，分別是 1、x 與 x^2，則這三個函數中的任兩個函數即彼此正交。」

蒂蒂：「咦……為什麼會這樣呢？」

我：「這是從定義推論出來的，妳可以想想看它們的分量。」

$$1 = 1x^0 + 0x^1 + 0x^2$$
$$x = 0x^0 + 1x^1 + 0x^2$$
$$x^2 = 0x^0 + 0x^1 + 1x^2$$

我：「也就是說，它們有著以下的對應關係。」

函數空間中的點	←----→	以分量表示
1	←----→	$\begin{pmatrix} 1 \\ 0 \\ 0 \end{pmatrix}$
x	←----→	$\begin{pmatrix} 0 \\ 1 \\ 0 \end{pmatrix}$
x^2	←----→	$\begin{pmatrix} 0 \\ 0 \\ 1 \end{pmatrix}$

蒂蒂：「就是 $(1, 0, 0)$、$(0, 1, 0)$ 和 $(0, 0, 1)$ 嗎？」

我：「這些就是三維空間的**基本向量**，分別朝向 x 軸、y 軸、z 軸的正向，大小皆為 1。」

米爾迦：「沒錯，三維空間的基本向量，可以用來表示三維空間中的任何一個點。與此類似，1, x, x² 這三個函數所對應的向量，分別乘以實數倍再相加，就能得到 V 內的任何一個點。說得清楚一點，彼此正交的 vector，可以表示空間中的任何一個點。」

蒂蒂：「不好意思……我雖然聽了說明，但總覺得還是不知道這麼做的意義是什麼，雖然學長姊好像都很了解……」

米爾迦：「說不定在妳了解這麼做的意義之前，其實妳已經聽過這個方法了。」

蒂蒂：「咦？」

米爾迦：「數學上有一種稱作**傅立葉展開**的技巧，是將函數表示成三角函數之和的方法。這與將函數表示成冪級數的泰勒展開，有異曲同工之妙。」

蒂蒂：「這樣啊……」

米爾迦：「只要函數滿足某個條件，便能表示成三角函數的和——也就是說，在傅立葉展開的理論中，可以用互相正交的 vector 表示函數空間中的任意點。」

蒂蒂：「……」

米爾迦：「我們可以把週期與相位不同的 sin 函數相加，得到任意波形，就是這個理論的重點。聲音由波形組成，而波形

可對應到函數，故可將聲音視為函數。因此，傅立葉展開就是在說明，將許多 sin 函數排列組合，可以得到任何一種聲音。」

蒂蒂：「得到任何一種聲音？」

米爾迦：「就是合成音樂喔，蒂蒂。」

瑞谷老師：「放學時間到了。」

「樂師聽得到他人未曾聽聞的旋律。」

第 4 章的問題

●問題 4-1（向量的內積）

請求出①～⑤的向量內積。

① $\binom{1}{2} \cdot \binom{3}{4}$

② $\binom{1}{2} \cdot \binom{1}{2}$

③ $\binom{1}{2} \cdot \binom{-1}{-2}$

④ $\binom{1}{2} \cdot \binom{2}{-1}$

⑤ $\binom{1}{2} \cdot \binom{-2}{1}$

（答案在第 255 頁）

●問題 4-2（切線方程式）

請求出與圓 $x^2 + (y-1)^2 = 4$ 相切之直線方程式。設切點為 (a, b)。

（答案在第 256 頁）

●問題 4-3（點與直線的距離）

設點 (x_0, y_0) 與直線 $ax + by = 0$ 的距離為 h。請用 a, b, x_0, y_0 來表示點與直線的距離 h。其中，$a \neq 0$ 且 $b \neq 0$。

（答案在第 259 頁）

第 5 章

向量的平均

「為什麼畫出圖形，複雜的數學式看起來就變簡單了呢？」

5.1 我的房間

這裡是我的房間，我向由梨說明之前米爾迦告訴我的內容。

我：「……我們還聊到了『函數的角度』喔！」

由梨：「米爾迦大神好厲害！」

我：「喔？妳聽得懂這些說明嗎？」

由梨：「完全聽不懂！」

我：「呃……這也沒辦法啦，突然跑出函數空間這種專有名詞。」

由梨：「即使如此，我還是明白一件事囉！」

我：「還不錯嘛，妳明白什麼啦？」

由梨：「我發現數學的世界非常廣大！」

我：「咦？」

由梨：「每次聽到哥哥、米爾迦大神、蒂蒂學姊聊的內容，我都會這麼想啊。數學世界很廣大，常有新發現。」

我：「妳滿會說話的嘛……的確，數學並不是『在課堂上聽聽，考完試就結束』，還有很多有趣的東西。由梨啊，我常常自己研究數學喔。」

由梨：「自己研究數學……是什麼意思啊？」

我：「我常去書店買數學書籍來讀，放學後也會推導數學式。我自動自發地做這些事，因為我很喜歡數學。自己研究數學就是這麼一回事。」

由梨：「哥哥不愧是數學式魔人喵。」

我：「才不是那樣──舉例來說，妳有的時候會不會有『為什麼這個數學式長這個樣子』的疑問呢？」

由梨：「常有啊。」

我：「碰到這種情形，我不會覺得『無所謂啦，沒什麼時間了，背起來就好』，而是會想『為什麼會這樣呢？為什麼呢？』因為我很喜歡數學，如果不知道理由，我會不舒服。」

由梨：「啊，我知道那種不舒服的感覺。要是沒有痛快地解決問題，就會像鞋子裡有沙粒，走起路來，腳很不舒服。」

我：「是啊……我會一直思考為什麼，如果還是想不出來，就會去問老師。」

由梨：「哇——真是資優生！」

我：「只要願意去問，老師就會仔細教導，有的時候還會告訴我一些上課學不到的東西。不過老師也不是什麼題目都回答得出來，有時候可能得不到讓我滿意的答案。」

由梨：「那麼，你會怎麼做呢？」

我：「我就只能自己一直想一直想，想到天荒地老囉。我覺得，我的**理解方式自成一種風格**，如果我的想法完全錯誤，而老師說『這是錯的』，那麼我可能會認同老師的意見；但我思考到最後一步，終於理解時，心中會有『原來是這樣！』的頓悟，回頭看老師的教學內容，才發覺都只是表面的東西而已。」

由梨：「由梨如果碰上不懂的地方，應該只會覺得很煩吧！」

我：「不對喔，由梨的確會說『好煩啊』，不過有時候妳會積極地追求答案……自己提出來的遊戲和問題等，妳都會詳細說明規則和題目，所以我覺得由梨是很好學的。」

由梨：「你這樣講我會害羞啦！」

我：「就算學校沒教，聽到力的平衡、向量定義、向量內積等……妳都會想問清楚是怎麼一回事。」

由梨：「呵呵……這樣我不好意思啦……再多講一點！」

我：「妳呀……」

5.2 向量

由梨：「聽哥哥的說明，不管是 sin、cos 還是向量，我都覺得聽完就大致懂了，但又會馬上忘記。」

我：「沒關係啊，再記一次就好。」

由梨：「對了，之前哥哥有提過，用兩條線懸掛重物的問吧題？（參照第 28 頁）。」

我：「嗯，這是力的平衡問題。」

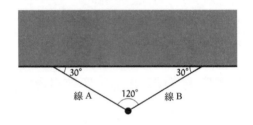

由梨：「就是這個。那個時候我們用了很多向量來解題，不過現在我都忘光了。」

我：「是嗎？」

由梨：「我只記得一件事——『畫出箭號』、『找出所有力』，以及『確認是誰對誰施力』喵。」

我：「這樣不是一件事，是三件事吧。」

由梨：「哇，好斤斤計較！」

我：「不過妳能記那麼多，算很厲害了。那時我們計算的是線對重物的拉力大小吧，兩條線的張力加起來，合力會與重力達成平衡，我們就是用這一點解題。」

由梨：「對──就是這個。」

我：「高中教的力學，還要考慮力的平衡、物體落下的過程、圓周運動，以及擺錘的來回震盪。」

由梨：「這些都與向量有關嗎？」

我：「沒錯，因為向量包含了『方向』與『大小』兩個性質，所以用向量來幫助解題是很自然的。除了力，想表示質點的位置、速度、加速度──也就是說，**處理『方向』與『大小』的問題**，也常會用到向量。」

由梨：「我說哥哥啊，之前我就一直有個問題。」

我：「什麼問題？」

由梨：「向量有『方向』和『大小』這兩個性質，所以可以用來表示力和速度……這我已經明白了。不過，這會讓我想到『向量又是什麼呢』？」

我：「啊，這麼說來，妳之前也問過『力是一種數嗎？』這種問題。」

由梨：「沒錯！力是一種數嗎？向量也是一種數嗎？」

我：「我忘了我之前是怎麼回答的，不過就『可以拿來計算』

這一點來說，向量和實數的確很相似。向量可以彼此相加，也可以相減，還可以用內積的形式相乘。」

由梨：「啊──內積！之前你教過我！」

我：「嗯，向量和實數一樣可以拿來計算，不過向量和實數的計算還是有點不同喔。」

由梨：「是啊，因為向量有『方向』和『大小』這兩個性質嘛，實數又沒有。」

我：「不，這不是真正的原因。其實，實數也有『方向』和『大小』。」

由梨：「咦？」

我：「實數的正負號就代表了『方向』。正實數可以看成朝正向的實數，而負數可以看成朝負向的實數，零則不朝向任何方向。」

由梨：「啊……是這樣沒錯啦……」

我：「實數當然也有『大小』囉，像 3 和 −3 這兩個數，就有一樣的『大小』。數學上把這個概念稱作絕對值，並以兩條直線來表示，也就是 $|3| = |-3|$。」

由梨：「是啊。」

我：「嗯，這樣妳就明白為什麼向量的『大小』也會用兩條直線來表示囉，例如 $|\overrightarrow{OA}|$。」

由梨：「真的一樣耶……」

我：「不管是向量還是實數，都有『方向』和『大小』這兩個
　　性質。實數只能分為正向和負向兩個方向，但向量的方向
　　有無限多種。」

由梨：「這樣啊……向量和實數真的很像耶。」

我：「是啊。如果力學的題目中，只出現兩個方向相反的力，
　　那麼用實數就解得出來了，不需要用到向量。」

由梨：「啊！我想起來了！這就是由梨之前在思考的題目嘛！
　　一個站在地面上保持靜止的人！（參照第 8 頁）」

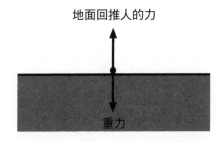

我：「力達到平衡就會靜止，或是做等速度直線運動。」

由梨：「哥哥會往旁邊慢慢滑開！哈哈哈哈！」

我：「唉呀，這種小事忘了也沒關係啦。我想說的是，因為物
　　理量有許多不同的方向，所以用向量表示，比實數還方
　　便。」

由梨：「這樣啊……雖然向量和實數很像，但還是有差別。兩
　　者都可以計算，但還是不太一樣。向量可以相加、相減、
　　相乘——但可以相除嗎？」

我：「向量的相除？好像沒聽過耶。不過，至少向量可以被 0
以外的實數整除。向量除以 2，『大小』會變成一半，而
『方向』則不變。」

由梨：「向量的計算方式，除了這些，還有別的嗎？」

我：「啊，有種計算方式很有趣喔，那就是向量的平均。」

由梨：「平均？」

5.3 向量的平均

我：「題目的形式大概是這樣。」

問題 1（向量的平均）
給定平面上的三個點 O, A, B，則下式有什麼意義？

$$\frac{\overrightarrow{OA} + \overrightarrow{OB}}{2}$$

由梨：「什麼意義？」

我：「嗯，$\frac{\overrightarrow{OA} + \overrightarrow{OB}}{2}$ 是將 $\overrightarrow{OA}$ 與 $\overrightarrow{OB}$ 相加再除以 2，也就是平均的
概念。」

由梨：「是啊。」

我：「那麼，向量的平均 $\dfrac{\overrightarrow{OA}+\overrightarrow{OB}}{2}$ 有什麼意義呢？」

由梨：「我好像知道大概是什麼意思，但難以精準地回答。」

我：「是什麼呢？」

由梨：「就是把兩個東西混在一起再平分，所以答案在兩者之間，嗯……」

我：「……」

由梨：「嗯——總而言之，就是在兩者之間！」

我：「妳再講一次，我還是不懂由梨想表達什麼。」

由梨：「嗚——」

我：「由梨，妳要不要試著『作圖幫助思考』呢？」

由梨：「我——畫不出來。」

我：「是嗎？哥哥來幫妳吧。先畫出 $\overrightarrow{OA}$ 和 $\overrightarrow{OB}$。」

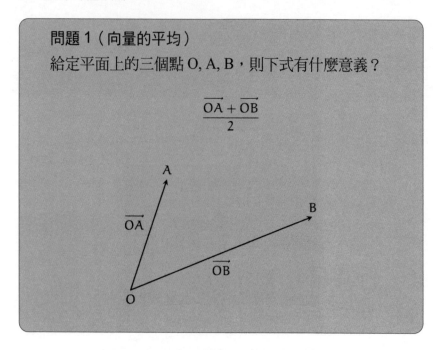

問題 1（向量的平均）
給定平面上的三個點 O, A, B，則下式有什麼意義？

$$\frac{\overrightarrow{OA} + \overrightarrow{OB}}{2}$$

由梨：「啊！畫成這樣就行了嗎？」

我：「誰知道呢？在這個圖上畫出向量平均 $\frac{\overrightarrow{OA}+\overrightarrow{OB}}{2}$ 吧。」

由梨：「……」

我：「妳想想看，$\frac{\overrightarrow{OA}+\overrightarrow{OB}}{2}$ 是實數還是向量？」

由梨：「大概是向量吧？」

我：「沒錯，$\frac{\overrightarrow{OA}+\overrightarrow{OB}}{2}$ 是向量。妳能畫出這個向量嗎？」

由梨：「唔——雖然很不甘心，但我畫不出來喵！」

我：「想想看『有沒有相似的東西』吧。」

由梨：「相似的東西？」

我：「沒錯。在這個例子中，若不曉得怎麼畫 $\frac{\overrightarrow{OA}+\overrightarrow{OB}}{2}$，就想想看能不能畫出比較簡單的版本，例如 $\overrightarrow{OA}+\overrightarrow{OB}$，妳應該畫得出來吧？」

由梨：「啊！我會畫！平行四邊形！」

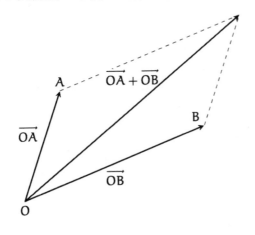

畫出 $\overrightarrow{OA}+\overrightarrow{OB}$

我：「完全正確！既然畫得出這個，應該也畫得出 $\frac{\overrightarrow{OA}+\overrightarrow{OB}}{2}$ 囉。」

由梨：「是要……除以 2 嗎？」

我：「沒錯，大小變一半。」

由梨:「是這樣！」

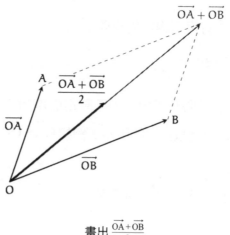

畫出 $\dfrac{\overrightarrow{OA}+\overrightarrow{OB}}{2}$

我:「沒錯，現在妳回答得出來 $\dfrac{\overrightarrow{OA}+\overrightarrow{OB}}{2}$ 是什麼了吧？」

由梨:「平均！」

我:「嗯，這個答案沒錯啦……我換個方式問好了，$\dfrac{\overrightarrow{OA}+\overrightarrow{OB}}{2}$ 這個向量的終點在哪裡呢？」

由梨:「終點是指箭頭的尖端嗎？」

我:「沒錯。」

由梨:「那就是……中點？」

我:「答對了！正確來說，$\dfrac{\overrightarrow{OA}+\overrightarrow{OB}}{2}$ 的終點，正好是線段 AB 的中點。」

由梨:「原來如此。不過,平均會得到中點,聽起來滿簡單的啊,哥哥!」

我:「我也是這麼覺得。」

由梨:「不過『終點是中點』這樣的答案,有點奇怪吧?感覺不像在討論向量,而是在討論向量的終點。」

我:「嗯,確實有這種感覺,應該要指明位置向量,就像這樣……」

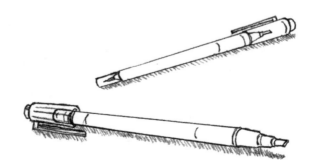

解答 1（向量的平均）

給定平面上的三個點 O, A, B，

$$\frac{\overrightarrow{OA} + \overrightarrow{OB}}{2}$$

則上式可以用來表示線段 AB 中點的位置向量。

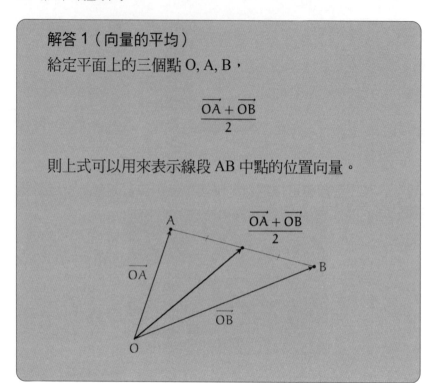

由梨：「位置向量？」

我：「沒錯。先決定點 O 的位置，再由 $\overrightarrow{OA}$ 得到 A 的位置、由 $\overrightarrow{OB}$ 得到 B 的位置。到這裡還可以吧？換言之，固定向量的起點 O，向量終點就可以代表向量本身。若起點固定，知道向量的大小是多少，等於知道向量終點在哪裡，所以這種向量可視為表示終點位置的**位置向量**。」

由梨：「這樣啊——」

我：「所以我們常用向量來處理圖形的問題。」

由梨：「用向量來處理比較好嗎？」

我：「圖形是由點組成的吧？也就是說，如果以向量來表示點，就可以將每個點都看成一個向量。所以我們求符合特定條件的向量終點，等於在處理圖形的問題。」

由梨：「原來如此。」

5.4 為什麼可以這樣算

我：「那麼，為什麼 $\dfrac{\overrightarrow{OA}+\overrightarrow{OB}}{2}$ 是中點的位置向量呢？」

由梨：「咦？剛才我們不是畫過嗎？」

我：「我們畫過，但可能只是看起來很像中點，還沒證明它是否真的是中點啊。」

由梨：「這樣喔。」

我：「由梨會怎麼證明呢？」

由梨：「先算 $\overrightarrow{OA}+\overrightarrow{OB}$，再取一半。」

我：「那麼，只要把它們畫出來，應該就解得出來囉。」

由梨：「我知道了，把線畫出來⋯⋯像這樣嗎？」

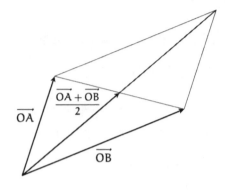

把線畫出來

我：「別忘了加上點的名字。」

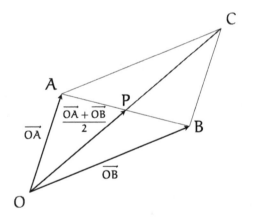

加上點的名字

由梨：「嗯……然後呢？」

我：「妳『想證明什麼』？」

由梨：「我想想，我想證明 P 是線段 AB 的中點。」

我：「沒錯，我們想證明點 P 是線段 AB 的中點。那麼，點 P 是怎麼得到的？」

由梨：「線段 OC 的中點！」

我：「沒錯，點 P 是線段 OC 的中點，不過這是為什麼呢？」

由梨：「唉呀，非要說得一清二楚嗎？點 P 是線段 OC 的中點啊，因為線段 OC 長度的一半，等於線段 OP。」

我：「沒錯，因為向量 $\overrightarrow{OA}+\overrightarrow{OB}$ 除以 2，所得的向量 $\frac{\overrightarrow{OA}+\overrightarrow{OB}}{2}$ 之終點是 P，所以 P 是線段 OC 的中點。」

由梨：「我說的沒錯吧！」

我：「到這裡我們可以確定線段 OP = PC。可是，這樣還不足以證明點 P 是線段 AB 的中點。」

由梨：「中點啊……」

我：「不過，我們只要證明 AP = PB 就可以囉。」

由梨：「……」

我：「怎麼啦？由梨。」

由梨：「……請問一下，AP = PB 是表示 AP 和 PB 一樣長嗎？」

我：「是啊，中點就是這個意思啊。」

由梨：「不對！哥哥，明明不是這樣。」

我：「哪裡不對？」

由梨：「就算 AP = PB，也不代表 P 是中點啊！」

我：「喔！由梨說的沒錯，正是如此。雖然我們確定點 P 是線段 OC 上的點，但我們還沒證明點 P 也是線段 AB 上的點。點 P 不只要在線段 AB 上，還要符合 AP = BP 的條件，點 P 才會是中點。」

由梨：「教人家要謹慎啊。」

我：「不過證明這個很快啊，用平行──」

由梨：「知道啦！用**平行四邊形**吧！四邊形 AOBC 是平行四邊形，而 AB 和 OC 是對角線，平行四邊形的對角線會互相平分，所以 P 是中點！」

我：「嗯，簡單來說，就是這樣。」

由梨：「老夫可是很擅長圖形問題的。」

我：「妳幹嘛裝老人。」

由梨：「嘿嘿。」

我：「先把這些推導過程寫下來吧。」

證明點 P 為線段 AB 的中點

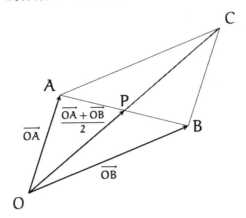

由於四邊形 AOBC 是平行四邊形，故兩對角線 AB 與 OC 的交點，既是線段 AB 的中點，也是線段 OC 的中點。因為點 P 為線段 AB 的中點，所以也是線段 OC 的中點。（證明結束）

由梨：「呵呵。」

我：「這也可以用向量來證明喔，像這樣。」

點 P 的位置向量為 $\frac{\overrightarrow{OA}+\overrightarrow{OB}}{2}$，故以下等式成立：

$$\overrightarrow{OP} = \frac{1}{2}\overrightarrow{OA} + \frac{1}{2}\overrightarrow{OB} \quad \cdots\cdots\cdots\cdots Ⓐ$$

上式的向量，起點皆為 O。為了將點 P 表示為線段 AB 的
中點，故將上式向量的起點皆換成點 A。因此，向量 $\overrightarrow{OP}$,
$\overrightarrow{OA}$, $\overrightarrow{OB}$ 可表示如下。

$$\begin{cases} \overrightarrow{OP} = \overrightarrow{AP} - \overrightarrow{AO} \\ \overrightarrow{OA} = \overrightarrow{AA} - \overrightarrow{AO} = -\overrightarrow{AO} \qquad （因為 \overrightarrow{AA} = \vec{0}） \\ \overrightarrow{OB} = \overrightarrow{AB} - \overrightarrow{AO} \end{cases}$$

將這些等式帶入式 Ⓐ。

$$\overrightarrow{AP} - \overrightarrow{AO} = -\frac{1}{2}\overrightarrow{AO} + \frac{1}{2}\left(\overrightarrow{AB} - \overrightarrow{AO}\right)$$

整理上式可得 $\overrightarrow{AP}$ 與 $\overrightarrow{AB}$ 的關係。

$\overrightarrow{AP} - \overrightarrow{AO} = -\frac{1}{2}\overrightarrow{AO} + \frac{1}{2}\left(\overrightarrow{AB} - \overrightarrow{AO}\right)$　　根據上式

$\overrightarrow{AP} - \overrightarrow{AO} = \frac{1}{2}\overrightarrow{AB} - \frac{1}{2}\left(\overrightarrow{AO} + \overrightarrow{AO}\right)$　　拿掉括號，將有 $\overrightarrow{AO}$ 的項放在一起

$\overrightarrow{AP} - \overrightarrow{AO} = \frac{1}{2}\overrightarrow{AB} - \overrightarrow{AO}$　　計算 $\overrightarrow{AO}$ 的係數

$\overrightarrow{AP} = \frac{1}{2}\overrightarrow{AB}$　　等號兩邊各加一個 $\overrightarrow{AO}$

因此可得到：

$$\overrightarrow{AP} = \frac{1}{2}\overrightarrow{AB}$$

由此可知，A, P, B 三點在同一直線上。

$$|\overrightarrow{AP}| = \frac{1}{2}|\overrightarrow{AB}|$$

由此可知，點 P 為線段 AB 的中點。

（證明結束）

由梨：「天啊，好麻煩！」

我：「一堆算式看起來的確很麻煩，但最重要的是，推導出『$\overrightarrow{AP}$ 為 $\overrightarrow{AB}$ 的一半』。」

由梨：「還是很麻煩啊──」

我：「學過向量，不管是圖形的問題還是數學式的計算，妳一定都會想用向量來算……」

由梨：「可是很麻煩啊──」

我：「……妳想想看，不用計算座標，就可以知道中點在哪裡喔。」

由梨：「嗯，確實沒錯啦。」

我：「是啊，相似的問題常有不同解法喔，懂了嗎……」

5.5 m:n 的內分點

問題 2

平面上有兩點 A 與 B，設點 P 將線段 AB 內分成 m:n 兩
線段，請用 $\overrightarrow{OA}$ 與 $\overrightarrow{OB}$ 表示 $\overrightarrow{OP}$。

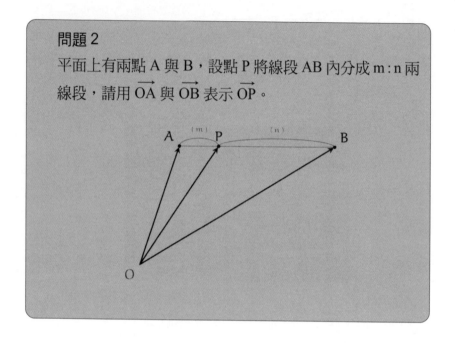

我：「這個問題妳會解嗎？由梨。」

由梨：「內分成 m:n 兩線段……」

我：「沒錯，這個點又稱為內分點。」

由梨：「老實說，這題我完全不知道該怎麼算。」

我：「是嗎？當妳不知道該怎麼算時，可以問問自己『有沒有
相似的東西』。舉例來說，如果是 m:n=1:1，妳就會算了
吧。」

由梨:「我還是不會。」

我:「我說由梨啊，妳不是常被米爾迦說『根本沒經過思考，才會那麼快回答』嗎？」

由梨:「好啦！我想想看⋯⋯ m 比 n 等於 1 比 1⋯⋯啊，那不就是中點嗎！這是剛才我們做過的題目嘛，是這樣算嗎？」

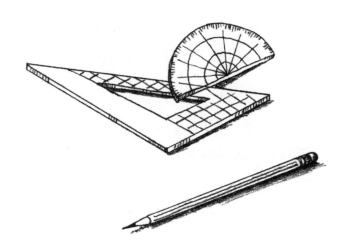

內分點的特殊情形（中點）

平面上有兩點 A 與 B，設點 P 將線段 AB 內分成 1：1 的兩線段，則 $\overrightarrow{OP}$ 可用 $\overrightarrow{OA}$ 與 $\overrightarrow{OB}$ 表示如下。

$$\overrightarrow{OP} = \frac{\overrightarrow{OA} + \overrightarrow{OB}}{2}$$

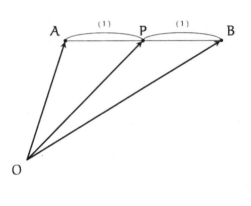

我：「正確答案！沒錯，線段 AB 的中點，剛好是 1：1 的內分點。所以，$\overrightarrow{OP}$ 會等於 $\overrightarrow{OA}$ 與 $\overrightarrow{OB}$ 這兩個向量相加再除以 2 ——換句話說，$\overrightarrow{OP}$ 就是這兩個向量的平均。」

由梨：「然後呢？」

我：「剛才的問題『請求出 m：n 的內分點』，就是『請求出中點』的一般化喔。」

由梨：「一般化……」

我：「沒錯，『利用符號一般化』。現在我們要用 m 和 n 這兩個符號來一般化。」

由梨：「喔——」

我：「我們想要將求中點的問題，一般化成求 m:n 的內分點。這時，應該先仔細觀察原本的問題，再想想看一般化的問題如何求解。因為我們已經解出原本問題的答案，所以要解出一般化的問題會簡單許多。」

由梨：「可是哥哥，1:1 和 m:n 這兩個差很多耶。」

我：「先一步一步來，假如我們要求的不是 1:1，而是 1:2 的內分點，該怎麼做呢？」

由梨：「？」

我：「先不要管 m:n 這種都是符號的題目，先想想看 1:2 這種有具體數字的題目該怎麼算。1:1 的答案可以提供很多線索喔。」

由梨：「1:2 的內分點……」

> **問題 3**
>
> 平面上有兩點 A 與 B，設點 P 將線段 AB 內分成 1 : 2 的兩線段，請用 $\overrightarrow{OA}$ 與 $\overrightarrow{OB}$ 表示 $\overrightarrow{OP}$。

我：「來吧，妳解解看這個圖形問題。第一步該怎麼做呢？」

由梨：「啊！我知道，要『把圖畫出來』吧！」

我：「沒錯，試著畫出將線段 AB 內分成 1 : 2 的點 P 吧。」

由梨：「1 : 2……比較短的是 AP 吧……是這樣嗎？」

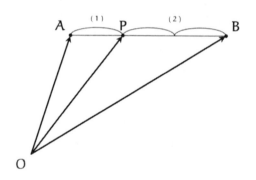

畫出將線段 AB 內分成 1 : 2 的點 P

我：「沒錯。接下來……」

由梨：「接下來？」

我：「我們『想求什麼』呢？」

由梨：「點 P 啊。」

我：「不對，我們想求的是向量 $\overrightarrow{OP}$。」

由梨：「啊！由梨就是這個意思啦！」

我：「好，總之，我們想求的是 $\overrightarrow{OP}$。」

由梨：「然後呢？」

我：「『已知哪些資訊』呢？」

由梨：「已知的就是點 A 和點 B 啊。」

我：「由梨啊，妳說的這句話又是什麼意思呢？」

由梨：「唉呀！已知的是向量 $\overrightarrow{OA}$ 和 $\overrightarrow{OB}$ 啦！」

我：「這樣才對。所以，只要能用 $\overrightarrow{OA}$ 和 $\overrightarrow{OB}$ 來表示 $\overrightarrow{OP}$，問題就解決了。」

由梨：「……」

我：「怎麼啦？」

由梨：「我在想啦！……只要取 $\overrightarrow{OA}$ 和 $\overrightarrow{OB}$ 的平均，就能得到它們的中點吧？」

我：「沒錯。」

由梨：「不過，這題不是 $1:1$ 而是 $1:2$，所以點 P 會比中點還靠近點 A 囉？」

我：「是啊。」

由梨：「這樣的話……應該和取平均差不多吧？不過這次可能
　　　要把 $\overrightarrow{OA}$ 調大一點。」

我：「調大一點？」

由梨：「與其說調大一點，不如說增加它的強度……總之，把
　　　$\overrightarrow{OA}$ 的強度調成 $\overrightarrow{OB}$ 的大約兩倍，應該就行了吧。」

我：「由梨很厲害喔！這就是正確答案。由梨說的沒錯，這題
　　　必須『調整分量』。」

由梨：「真的嗎？這就是正確答案！」

由梨的解答

平面上有兩點 A 與 B，設點 P 將線段 AB 內分成 $1:2$ 兩
線段，則 $\overrightarrow{OP}$ 可用 $\overrightarrow{OA}$ 與 $\overrightarrow{OB}$ 表示如下。

$$\overrightarrow{OP} = \frac{2\overrightarrow{OA} + \overrightarrow{OB}}{2} \qquad (?)$$

我：「唉呀，可惜！」

由梨：「不對嗎？」

我：「分母不是 2 而是 3 喔。2 倍分量的 $\overrightarrow{OA}$ 和 1 倍分量的 $\overrightarrow{OB}$
　　　相加，總量應該要除以 3。」

由梨：「啊！原來如此！」

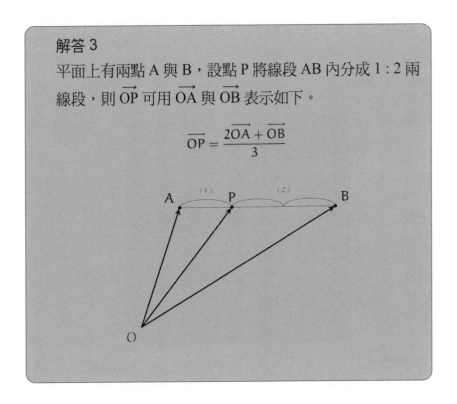

解答 3

平面上有兩點 A 與 B，設點 P 將線段 AB 內分成 1 : 2 兩

線段，則 $\overrightarrow{OP}$ 可用 $\overrightarrow{OA}$ 與 $\overrightarrow{OB}$ 表示如下。

$$\overrightarrow{OP} = \frac{2\overrightarrow{OA} + \overrightarrow{OB}}{3}$$

我：「真虧你想得到！」

由梨：「嗯⋯⋯不過⋯⋯」

我：「既然知道 1 : 1 和 1 : 2 的答案，應該也想得到 m : n 該怎
麼算吧？」

由梨：「啊……」

　　由梨突然閉上嘴巴，認真地思考。栗色髮絲透出金色光芒。

我：「……」

由梨：「……我知道了！把它們分別乘以 m 倍和 n 倍……不對，剛好相反！是 n 倍和 m 倍。」

我：「喔！」

由梨：「然後，除以 m＋n，對吧？像這樣！」

解答 2

平面上有兩點 A 與 B，設點 P 將線段 AB 內分成 m:n 兩線段，則 $\overrightarrow{OP}$ 可用 $\overrightarrow{OA}$ 與 $\overrightarrow{OB}$ 表示如下。

$$\overrightarrow{OP} = \frac{n\overrightarrow{OA} + m\overrightarrow{OB}}{m+n}$$

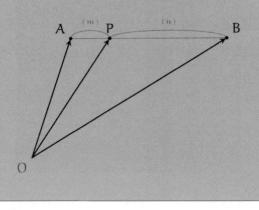

我：「沒錯，正確答案。」

由梨：「喔耶！」

我：「這麼一來，除了 1:1 這種特殊的內分點，我們也知道 m:n 這種一般化的內分點，該如何表示了。」

由梨：「呵呵！」

我：「解出一般化的問題，還要做一件事，妳知道是什麼事嗎？」

由梨：「繼續解更一般化的問題！」

我：「嗯，這麼說沒錯。不過在那之前，還要確定我們的解和實際情形是否相符，也就是要『**確認答案**』是否正確，亦即『**能否驗證結果**』。」

由梨：「是否相符？」

我：「我們剛才已經解出 m:n＝1:1 和 1:2 的答案了，再來，我們要對照之前得到的答案，與 $\overrightarrow{OP} = \frac{n\overrightarrow{OA} + m\overrightarrow{OB}}{m+n}$ 所得到的答案是否一致。」

由梨：「？」

我：「以 m:n＝1:1 為例吧。」

$$\overrightarrow{OP} = \frac{n\overrightarrow{OA} + m\overrightarrow{OB}}{m+n} \qquad \text{解答 2 的等式（第 213 頁）}$$

$$= \frac{1\overrightarrow{OA} + 1\overrightarrow{OB}}{1+1} \qquad \text{將 m = 1, n = 1 代入}$$

$$= \frac{\overrightarrow{OA} + \overrightarrow{OB}}{2} \qquad \text{計算得到結果}$$

由梨：「這就是平均嘛。」

我：「沒錯，m:n 是一般化的內分點公式，當 m:n＝1:1，這個公式就和求中點的式子一樣。所以，這才會是『包含中點在內的所有情形』的一般化公式。」

由梨：「嗯。」

我：「同樣，我們來確認若 m:n＝1:2，兩式會不會相同吧！」

由梨：「……等一下。」

我：「唉呀，又怎麼了？」

5.6 由梨的疑問

由梨：「先不管若是 1:2 兩式會不會相同，由梨想到另一件事。」

我：「什麼事？」

由梨：「哥哥剛才不是有提到『分量』嗎？這很奇怪耶。」

我：「哪裡奇怪？」

由梨：「你看，m:n 是比例吧？」

我：「是啊。」

由梨：「那麼，m:n＝1:2 和 m:n＝100:200 就是同樣的意思吧？」

我：「是啊。」

由梨：「這樣的話，『分量』等於 1 或等於 100，就是相同的啊！這樣很怪。」

我：「我懂了。因為要分成 m:n，所以『分量』會變成 m 和
　　n，這時 m 可以是 1 也可以是 100，妳覺得這樣很奇怪
　　吧？」

由梨：「對啊。」

我：「我知道由梨的意思了，不過妳想想看，只要再把『分量
　　總和 m+n』放入分母，就能解決這個問題了。如果比例從
　　1:2 變成 100:200，分母會從 3 變成 300。變成 100 倍所
　　增加的部分，會被分母抵消。」

由梨：「啊，原來如此！」

我：「計算 m:n 的內分點，其實就是在算 $\overrightarrow{OA}$ 和 $\overrightarrow{OB}$ 將 P 點
　　『拉向自己的力量佔總力的比例』喔。」

由梨：「嗯。」

我：「當 m=n，亦即 m:n=1:1，$\overrightarrow{OA}$ 與 $\overrightarrow{OB}$ 會以相同的力量將
　　P 拉向自己，故比例是 $\frac{1}{2}$ 和 $\frac{1}{2}$。而一般情形下的 m:n 內分
　　點，$\overrightarrow{OA}$ 與 $\overrightarrow{OB}$ 則是分別以 $\frac{n}{m+n}$ 與 $\frac{m}{m+n}$ 的比例將 P 點拉向自
　　己。」

由梨：「嗯，m 和 n 會顛倒過來吧。我有注意到！比較短的那
　　端，表示用比較強的力量把 P 拉向自己！」

我：「沒錯。如果從『拉向自己的力量佔總力的比例』來看
　　m:n 的內分點問題，把等式改寫成這樣，應該比較好理解
　　……」

用另一種方式描述「分量」

平面上有兩點 A 與 B，設點 P 將線段 AB 內分成 m:n 兩線段，則 $\overrightarrow{OP}$ 可用 $\overrightarrow{OA}$ 與 $\overrightarrow{OB}$ 表示如下。

$$\overrightarrow{OP} = \frac{n}{m+n}\overrightarrow{OA} + \frac{m}{m+n}\overrightarrow{OB}$$

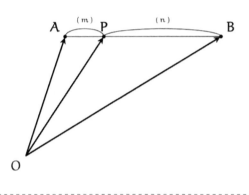

由梨：「喔——就是把 $\frac{n\overrightarrow{OA} + m\overrightarrow{OB}}{m+n}$ 分成 $\frac{n}{m+n}\overrightarrow{OA} + \frac{m}{m+n}\overrightarrow{OB}$ 這兩個部分吧。」

我：「沒錯。也就是說，$\frac{n}{m+n}$ 乘上 $\overrightarrow{OA}$ 所得的向量，加上 $\frac{m}{m+n}$ 乘上 $\overrightarrow{OB}$ 所得的向量，會得到一個終點為 m:n 的內分點向量。」

由梨：「喔！」

我：「所以 m:n=1:1，可以得到以下結果。」

點 P 為線段 AB 中點（m:n=1:1）的情形

設線段 AB 的中點為 P，則中點的位置向量 $\overrightarrow{OP}$ 可表示成：
$\frac{1}{2}$ 乘以 $\overrightarrow{OA}$ 所得之向量，與 $\frac{1}{2}$ 乘以 $\overrightarrow{OB}$ 所得之向量的加總。

$$\overrightarrow{OP} = \tfrac{1}{2}\overrightarrow{OA} + \tfrac{1}{2}\overrightarrow{OB}$$

由梨：「嗯嗯。」

我：「把這個算式畫成圖，可以得到一個小小的平行四邊形。」

點 P 為線段 AB 中點（m:n＝1:1）的情形

設線段 AB 的中點為 P，則中點的位置向量 $\overrightarrow{OP}$ 可表示成：$\frac{1}{2}$ 乘以 $\overrightarrow{OA}$ 所得之向量，與 $\frac{1}{2}$ 乘以 $\overrightarrow{OB}$ 所得之向量的加總。

$$\overrightarrow{OP} = \tfrac{1}{2}\overrightarrow{OA} + \tfrac{1}{2}\overrightarrow{OB}$$

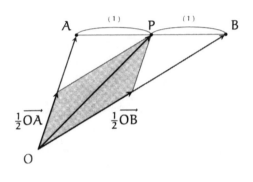

由梨：「……」

我：「剛才我們在算中點的向量時，是把兩個向量相加再除以 2。這裡我們則是先把兩個向量各自除以 2，再算它們的總和。這兩件事是一樣的意思。」

由梨：「哥哥，繞了一圈後，我好像就懂了耶。」

我：「反而是我不懂妳這句話的意思。」

5.7　證明

由梨：「哥哥——」

我：「嗯？」

由梨：「我知道如何『想像成兩個點把 P 拉向自己』，再求答案。可是證明好像很困難耶。」

問題 4

平面上有兩點 A 與 B，設點 P 將線段 AB 內分成 m:n 兩線段，請證明 $\overrightarrow{OP}$ 可用 $\overrightarrow{OA}$ 與 $\overrightarrow{OB}$ 表示如下。

$$\overrightarrow{OP} = \frac{n\overrightarrow{OA} + m\overrightarrow{OB}}{m + n}$$

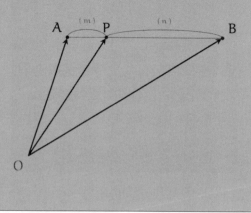

我：「證明？不，一點也不困難喔。」

由梨：「真的嗎？」

我：「一步步推導數學式，很快就可以證明出來了。」

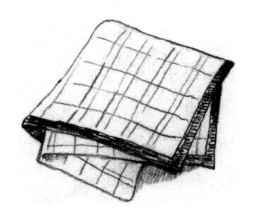

解答 4

因為點 P 為線段 AB 的 m:n 內分點，故以下等式成立：

$$\overrightarrow{AP} = \frac{m}{m+n}\overrightarrow{AB} \cdots\cdots\cdots ①$$

$\overrightarrow{AP}, \overrightarrow{AB}$ 兩向量拆解成起點為 O 的向量，可得以下等式：

$$\overrightarrow{AP} = \overrightarrow{OP} - \overrightarrow{OA}, \quad \overrightarrow{AB} = \overrightarrow{OB} - \overrightarrow{OA}$$

所以，①可改寫成以下等式：

$$\overrightarrow{OP} - \overrightarrow{OA} = \frac{m}{m+n}\left(\overrightarrow{OB} - \overrightarrow{OA}\right)$$

將 $\overrightarrow{OA}$ 移項至等號右邊，以計算 $\overrightarrow{OP}$。

$$\overrightarrow{OP} = \frac{m}{m+n}\left(\overrightarrow{OB} - \overrightarrow{OA}\right) + \overrightarrow{OA} \qquad \text{$\overrightarrow{OA}$ 移項至等號右邊}$$

$$= \frac{m}{m+n}\overrightarrow{OB} - \frac{m}{m+n}\overrightarrow{OA} + \overrightarrow{OA} \qquad \text{拆括號}$$

$$= \frac{m}{m+n}\overrightarrow{OB} + \left(-\frac{m}{m+n} + 1\right)\overrightarrow{OA} \qquad \text{將 $\overrightarrow{OA}$ 提出括號}$$

$$= \frac{m}{m+n}\overrightarrow{OB} + \frac{-m+(m+n)}{m+n}\overrightarrow{OA} \qquad \text{通分再相加}$$

$$= \frac{m}{m+n}\overrightarrow{OB} + \frac{n}{m+n}\overrightarrow{OA} \qquad \text{計算分子}$$

$$= \frac{n}{m+n}\overrightarrow{OA} + \frac{m}{m+n}\overrightarrow{OB} \qquad \text{改變加法順序}$$

$$= \frac{n\overrightarrow{OA} + m\overrightarrow{OB}}{m+n} \qquad \text{相加}$$

因此，下列等式成立：

$$\overrightarrow{OP} = \frac{n\overrightarrow{OA} + m\overrightarrow{OB}}{m+n}$$

（證明結束）

我：「妳看，很快就證出來了吧。」

由梨：「我看不懂啦！」

我：「哪裡看不懂？」

由梨：「一開始的地方！」

因為點 P 為線段 AB 的 m:n 內分點，故以下等式成立：

$$\overrightarrow{AP} = \frac{m}{m+n} \overrightarrow{AB} \cdots\cdots\cdots ①$$

我：「這裡不懂嗎？」

由梨：「嗯。」

我：「仔細看這個圖妳應該就懂囉。」

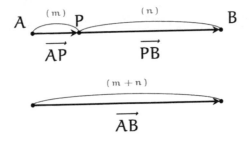

由梨:「嗯──」

我:「懂了嗎?」

由梨:「……懂了,這很明顯啊。把整個 $\overrightarrow{AB}$ 的長度想成 m + n 就行了。」

我:「是啊,向量 $\overrightarrow{AP}$ 相當於 m,而向量 $\overrightarrow{PB}$ 相當於 n。」

由梨:「嗯──」

我:「妳看,把圖畫出來很重要吧。」

由梨:「那你一開始就畫圖,不就好了嗎!」

我:「嗯──」

媽媽:「孩子們!要吃披薩嗎?」

由梨:「要!我要吃!」

　　在媽媽的「披薩召喚」下,我一邊走向客廳一邊想著:明明是圖形的問題,卻可以用數學式推導,向量真是不可思議!

　　　　「為什麼寫出數學式,複雜的圖看起來就簡單多了呢?」

第 5 章的問題

●問題 5-1（內分點）

如下圖所示，點 P 將線段 AB 內分為 2：3 兩線段。請用 $\overrightarrow{OA}$ 與 $\overrightarrow{OB}$ 表示 $\overrightarrow{OP}$。

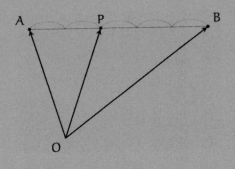

（解答在第 266 頁）

●問題 5-2（內分點）

如下圖所示，將問題 5-1 的點 O 移動至其他位置，同樣
地，請用 $\overrightarrow{OA}$ 與 $\overrightarrow{OB}$ 表示 $\overrightarrow{OP}$。

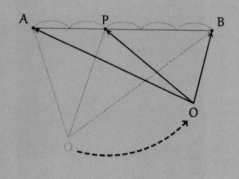

（解答在第 267 頁）

●問題 5-3（內分點的座標）

如下圖所示，點 P 將線段 AB 內分為 $2:3$ 兩線段。若 A, B 兩點座標分別為 $A(1,2)$ 與 $B(6,1)$，請求出點 P 的座標。

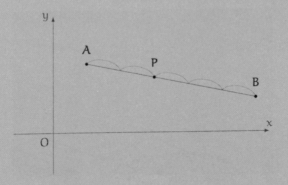

（解答在第 268 頁）

尾聲

　　某日某時，在數學資料室。

少女：「哇，好多神奇的教具喔！」

老師：「是啊。」

少女：「老師，這是什麼呢？」

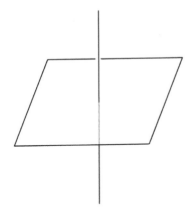

老師：「妳覺得像什麼呢？」

少女：「要把紙串在一起嗎？」

老師：「這是三維空間中的平面被固定的樣子喔。一條直線就能固定平面的方向，換句話說，只要確定一條直線的方向，這條直線就能決定平面的方向。」

少女：「可是老師，和直線垂直的平面有無限多個耶。」

老師：「正是如此。直線可以決定『平面的方向』，但沒辦法決定是『哪一個平面』。因為平移後可互相重疊的所有平面，都是同一個方向。」

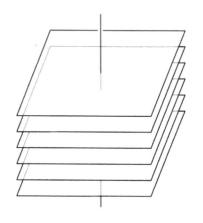

少女：「只要能阻止它們平移，就能決定到底是哪一個平面了吧！」

老師：「我們還需要一個點，才能阻止它們平移。也就是說，先決定一條直線，再決定一個點，就能決定一個平面。這個平面與直線垂直，且包含這個點。」

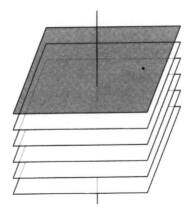

少女：「直線決定平面的方向，點決定平面的位置。」

老師：「就是這樣。與平面相互垂直的向量，是這個平面的法
　　　向量。位置向量和法向量的內積是一固定常數的所有向量
　　　集合，而且是一個平面。」

少女：「內積是一個固定常數？」

老師：「沒錯。已知一個法向量 $\vec{u}$，並設某點的位置向量為 $\vec{p}$，
　　　而使這兩個向量的內積 $\vec{u} \cdot \vec{p}$ 保持固定值的所有 $\vec{p}$，即會形
　　　成一個平面。換言之，當內積固定，便可自動產生一個平
　　　面。」

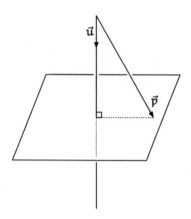

少女：「$\vec{u}$ 和 $\vec{p}$ 可以決定一個平面……」

$$\vec{u} \cdot \vec{p} = K \quad （\text{K 為常數}）$$

老師：「是啊。當向量的內積固定，我們可以推導出一個平面
的方程式。設法向量 $\vec{u} = \begin{pmatrix} a \\ b \\ c \end{pmatrix}$，點的位置向量 $\vec{p} = \begin{pmatrix} x \\ y \\ z \end{pmatrix}$，由於
$\vec{u} \cdot \vec{p} = K$，故可得到——

$$\begin{pmatrix} a \\ b \\ c \end{pmatrix} \cdot \begin{pmatrix} x \\ y \\ z \end{pmatrix} = K$$

把內積算出來後可得——

$$ax + by + cz = K$$

這就是一個平面方程式。」

少女：「老師，這看起來很像一個圓規耶。」

老師：「圓規？」

少女：「如果 $|\vec{p}|$ 也保持固定，就可以在平面上畫一個圓。」

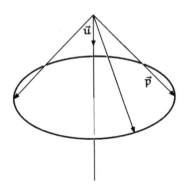

老師：「的確，如果 $|\vec{p}|$ 等於常數 R，可得到——

$$\sqrt{x^2 + y^2 + z^2} = R$$

把這式子與平面方程式聯立，就可得到『浮在空中的圓方程式』。」

$$\begin{cases} ax + by + cz = K \\ \sqrt{x^2 + y^2 + z^2} = R \end{cases}$$

少女：「老師，$x^2 + y^2 + z^2$ 看起來也很像內積耶。」

$$x^2 + y^2 + z^2 = \begin{pmatrix} x \\ y \\ z \end{pmatrix} \cdot \begin{pmatrix} x \\ y \\ z \end{pmatrix} = \vec{p} \cdot \vec{p}$$

老師：「妳說的沒錯，向量的大小可以用內積來表示。」

$$|\vec{p}| = \sqrt{\vec{p} \cdot \vec{p}}$$

少女：「若不聯立，就會得到一個更厲害的圓規。」

$$\sqrt{x^2 + y^2 + z^2} = R$$

老師：「更厲害的圓規？」

少女：「就是三維空間中的球面方程式！」

$$\sqrt{\vec{p} \cdot \vec{p}} = R$$

（呵呵呵）

少女呵呵笑地說。

【解答】

A N S W E R S

第 1 章的解答

●問題 1-1（作用與反作用定律）
以線懸吊的重物受到重力的作用。若把地球對重物的施力視為作用力，那麼反作用力是「誰對誰施力」呢？

■解答 1-1
　　作用於重物的重力，是地球對重物施力。因此，若將地球對重物的施力視為作用力，則反作用力為重物對地球的施力。

答 重物對地球的施力

補充
　　請注意，本題答案並非「線對重物的施力」。當我們將「P對Q的施力」視為「作用力」，「反作用力」即是「Q對P的施力」。問題 1-1 的地球相當於 P，重物相當於 Q。

●問題 1-2（找出所有力）

如下圖所示，彈簧吊著一重物，並處於靜止狀態。試找出此狀態下所有施加在重物上的力。答案必須列出「誰對誰施力」，以及「方向與大小」。

■解答 1-2

施加於重物的力，有以下兩個：

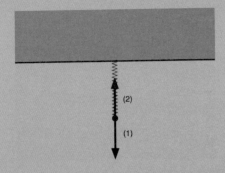

(1)地球對重物的施力。

　　鉛直向下，大小與(2)相等。

(2)彈簧對重物的施力。

　　鉛直向上，大小與(1)相等。

●問題 1-3（合力）

如下圖所示，兩力作用於一質點。請以圖表示此時兩力的合力。

■解答 1-3

　　如右頁圖所示，畫出一個平行四邊形，此對角線即為合力的方向與大小。

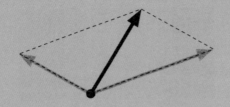

●問題 1-4（力的平衡）

如下圖所示，一質點被三條線拉著，並處於靜止狀態。
下圖僅顯示其中一條線作用在此質點的張力，請在下圖
畫出其他兩條線作用於質點的張力。

■解答 1-4

首先，求出可與題目所給的力達成平衡的力(1)。這兩個力的大小相同、方向相反。

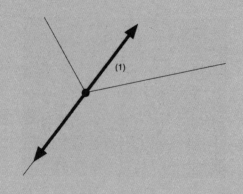

接著，將(1)視為對角線，相鄰兩條線視為鄰邊的走向，畫一個平行四邊形。這樣便能得到這兩條線作用於質點的力(2)與(3)。

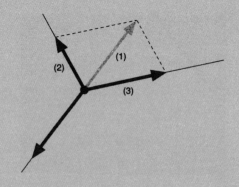

第 2 章的解答

●問題 2-1（向量差）

給定 $\vec{a}$ 與 $\vec{b}$ 兩個向量，請在下圖畫出 $\vec{a} - \vec{b}$。

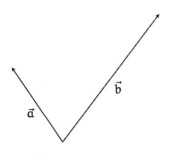

■解答 2-1

　向量 $\vec{a} - \vec{b}$ 如下頁圖所示。

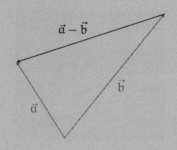

　　向量 $\vec{a} - \vec{b}$ 可由下圖的方法求出。下圖左為一個中間被折彎的 $\vec{a}$，而下圖右則表示這個被折彎的 $\vec{a}$ 減去 $\vec{b}$，即可得到答案。

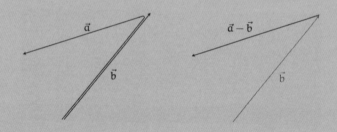

●問題 2-2（向量差）

$\vec{a} - \vec{b}$ 與 $\vec{b} - \vec{a}$ 這兩個向量之間有什麼關係呢？

■解答 2-2

　　$\vec{a} - \vec{b}$ 與 $\vec{b} - \vec{a}$ 這兩個向量大小相等，方向相反。

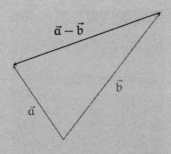

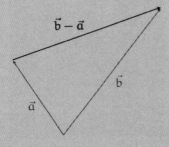

●問題 2-3（向量和與向量差）

設有 $\vec{p}$、$\vec{q}$ 兩個向量，其中 $\vec{p}=\vec{a}+\vec{b}$ 且 $\vec{q}=\vec{a}-\vec{b}$，請畫圖表示 $\vec{p}+\vec{q}$。

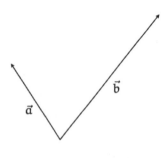

■解答 2-3

由圖形求解

①首先，畫出 $\vec{p}=\vec{a}+\vec{b}$ 與 $\vec{q}=\vec{a}-\vec{b}$，如下頁圖所示。

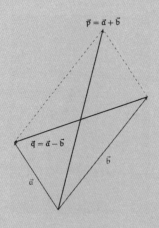

①畫出 $\vec{p}=\vec{a}+\vec{b}$ 與 $\vec{q}=\vec{a}-\vec{b}$

②接著，為求出 $\vec{p}+\vec{q}$，需使兩向量的起點一致，故將 $\vec{q}$ 的起點平移至 $\vec{p}$ 的起點。此時，要注意 $\overrightarrow{QA}=\vec{b}=\overrightarrow{AP}$，由此可知，Q, A, P 三點在同一直線上，且點 A 為線段 QP 的中點。

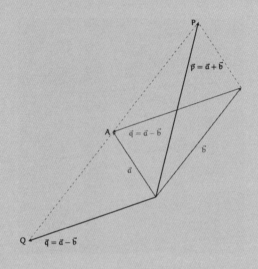

②將 $\vec{q}$ 平移

③最後，用 $\vec{p}$ 與 $\vec{q}$ 作一平行四邊形，以求出 $\vec{p}+\vec{q}$。此時，由
於點 A 為線段 QP 的中點，故點 A 亦為平行四邊形 QOPR
兩條對角線的交點。因此，點 A 也是對角線 OR 的中點，
即 $\vec{p}+\vec{q}=2\vec{a}$。請看下頁圖。

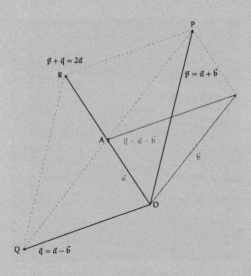

③得到 $\vec{p} + \vec{q} = 2\vec{a}$

由計算求解

問題 2-3 也可由以下的計算過程，求出答案。

$$\vec{p} + \vec{q} = (\vec{a} + \vec{b}) + (\vec{a} - \vec{b}) \quad \text{根據 } \vec{p}, \vec{q} \text{ 的定義}$$

$$= \vec{a} + \vec{b} + \vec{a} - \vec{b} \qquad \text{將括弧拆開}$$

$$= \vec{a} + \vec{a} + \vec{b} - \vec{b} \qquad \text{改變加法的順序}$$

$$= 2\vec{a} + \vec{0} \qquad\qquad \text{因為 } \vec{a} + \vec{a} = 2\vec{a} \text{ 與 } \vec{b} - \vec{b} = \vec{0}$$

$$= 2\vec{a} \qquad\qquad\quad \text{因為加上 } \vec{0} \text{ 不會改變向量}$$

第 3 章的解答

●問題 3-1（求內積）

請求下列向量 $\vec{a}$ 與 $\vec{b}$ 的內積 $\vec{a} \cdot \vec{b}$。

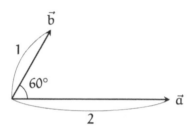

■解答 3-1

用以下方式求解。

$$\vec{a} \cdot \vec{b} = |\vec{a}||\vec{b}| \cos 60°$$ 　　根據內積的定義

$$= 2 \cdot 1 \cdot \frac{1}{2}$$ 　　因為 $|\vec{a}| = 2, |\vec{b}| = 1, \cos 60° = \frac{1}{2}$

$$= 1$$

答 $\vec{a} \cdot \vec{b} = 1$

補充

　　我們可用以下計算過程得到 $\cos 60° = \frac{1}{2}$。如下圖所示，取點 A，使線段 OA 的長度為 1，則三角形 OAB 為一正三角形。從點 B 往下畫線，在邊 OA 上做一垂線，垂足為 H，則直角三角形 OHB 與直角三角形 AHB 為全等三角形。故 OH = AH，且 OH 的長度（即 $\cos 60°$ 的數值）為 $\frac{1}{2}$。

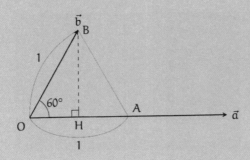

●問題 3-2（求內積）

給定兩實數 c, d，且 c>0, d>0。設以原點為起點，點 (c, c) 與點 (−d, d) 為終點的向量，分別為 $\vec{u}$ 和 $\vec{v}$。請求內積 $\vec{u} \cdot \vec{v}$。

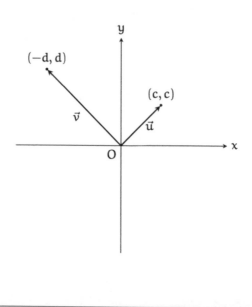

■解答 3-2

　　如下頁圖所示，$\vec{u}$ 與 $\vec{v}$ 分別為兩正方形的對角線，故 $\vec{u}$ 與 $\vec{v}$ 的夾角為 90°。

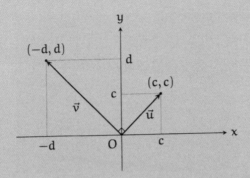

由於 $\cos 90° = 0$，故兩向量的內積亦為 0。

$$\vec{u} \cdot \vec{v} = |\vec{u}||\vec{v}| \cos 90° \qquad \text{根據內積的定義}$$
$$= 0 \qquad \text{因為} \cos 90° = 0$$

答 $\vec{u} \cdot \vec{v} = 0$

補充

　　根據內積的定義，

$$\vec{u} \cdot \vec{v} = |\vec{u}||\vec{v}| \cos \theta$$

由此可知，當內積為 0，表示──

$$|\vec{u}| = 0 \ \text{或} \ |\vec{v}| = 0 \ \text{或} \ \cos \theta = 0$$

反之，只有上述條件成立時，內積才會等於 0。

　　而且，若 $\cos 90° = 0$，即兩個向量互相垂直，那麼不論這兩個向量的大小為何，內積皆等於 0。

●問題 3-3（cos θ）

若有人問你：「計算內積時，如果把『兩個向量的夾角』的方向看反，會不會算錯呢？」你會怎麼回答？

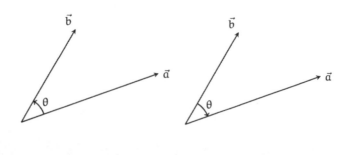

■解答 3-3

下頁圖中，點 P 與點 P′ 的 x 座標相等。

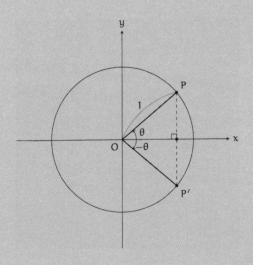

也就是說，不管 θ 是多少，以下等式皆成立——

$$\cos \theta = \cos(-\theta)$$

不管 θ 的方向為何，內積的數值都不變。因此，計算內積時，不管從哪個方向量測兩向量的夾角都可以。

舉例來說，就算用下圖的方式來計算兩向量的夾角，內積的數值也不會改變。

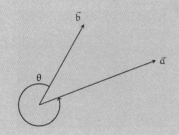

這是因為對任何角 θ 來說，以下算式皆成立——

$$\cos\theta = \cos(360° - \theta)$$

不過，通常我們只會考慮 0° 至 180° 之間的角度，故我們可將 $\cos\theta$ 與 θ 視為一對一的對應。

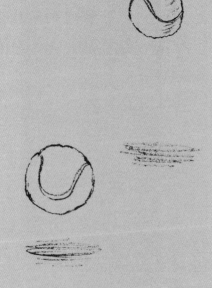

第 4 章的解答

> ●問題 4-1（向量內積）
>
> 請求①～⑤的向量內積。
>
> ① $\begin{pmatrix} 1 \\ 2 \end{pmatrix} \cdot \begin{pmatrix} 3 \\ 4 \end{pmatrix}$
>
> ② $\begin{pmatrix} 1 \\ 2 \end{pmatrix} \cdot \begin{pmatrix} 1 \\ 2 \end{pmatrix}$
>
> ③ $\begin{pmatrix} 1 \\ 2 \end{pmatrix} \cdot \begin{pmatrix} -1 \\ -2 \end{pmatrix}$
>
> ④ $\begin{pmatrix} 1 \\ 2 \end{pmatrix} \cdot \begin{pmatrix} 2 \\ -1 \end{pmatrix}$
>
> ⑤ $\begin{pmatrix} 1 \\ 2 \end{pmatrix} \cdot \begin{pmatrix} -2 \\ 1 \end{pmatrix}$

■解答 4-1

答案如下所示。

① $\begin{pmatrix} 1 \\ 2 \end{pmatrix} \cdot \begin{pmatrix} 3 \\ 4 \end{pmatrix} = 1 \cdot 3 + 2 \cdot 4 = 11$

② $\begin{pmatrix} 1 \\ 2 \end{pmatrix} \cdot \begin{pmatrix} 1 \\ 2 \end{pmatrix} = 1 \cdot 1 + 2 \cdot 2 = 5$

③ $\begin{pmatrix} 1 \\ 2 \end{pmatrix} \cdot \begin{pmatrix} -1 \\ -2 \end{pmatrix} = 1 \cdot (-1) + 2 \cdot (-2) = -5$

④ $\begin{pmatrix} 1 \\ 2 \end{pmatrix} \cdot \begin{pmatrix} 2 \\ -1 \end{pmatrix} = 1 \cdot 2 + 2 \cdot (-1) = 0$

⑤ $\begin{pmatrix} 1 \\ 2 \end{pmatrix} \cdot \begin{pmatrix} -2 \\ 1 \end{pmatrix} = 1 \cdot (-2) + 2 \cdot 1 = 0$

補充

④與⑤的內積為 0。若以圖表示，可知 $\begin{pmatrix} 1 \\ 2 \end{pmatrix}$ 與 $\begin{pmatrix} 2 \\ -1 \end{pmatrix}$ 彼此垂直，$\begin{pmatrix} 1 \\ 2 \end{pmatrix}$ 與 $\begin{pmatrix} -2 \\ 1 \end{pmatrix}$ 亦彼此垂直。

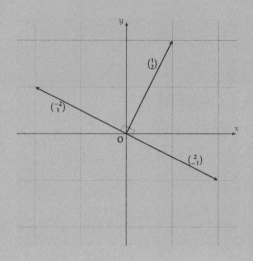

●問題 4-2（切線方程式）

請求與圓 $x^2+(y-1)^2=4$ 相切之直線方程式。設切點為 (a, b)。

■解答 4-2

$x^2+(y-1)^2=4$ 為圓的方程式，圓心為 $(0, 1)$，半徑為 2。

補充

此外，圓心為 (x_0, y_0)，半徑為 r 的圓方程式如下。

$$(x-x_0)^2 + (y-y_0)^2 = r^2$$

設圓心為 S(0, 1)，切點為 Q(a, b)，所求切線為 ℓ，則 ℓ 上的任意點 P(x, y) 如下圖所示。

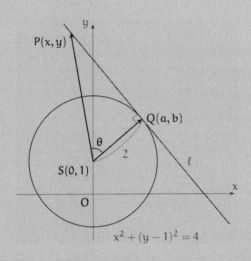

我們設 $\overrightarrow{SP}$ 與 $\overrightarrow{SQ}$ 兩個向量間的夾角為 θ，則可得到 $\overrightarrow{SP}$ 與 $\overrightarrow{SQ}$ 的內積，如下所示。

$$\overrightarrow{SP} \cdot \overrightarrow{SQ} = |\overrightarrow{SP}||\overrightarrow{SQ}| \cos \theta \qquad \text{根據內積的定義}$$
$$= |\overrightarrow{SQ}||\overrightarrow{SP}| \cos \theta \qquad \text{改變相乘的順序}$$
$$= |\overrightarrow{SQ}|^2 \qquad\qquad \text{因為 } |\overrightarrow{SP}| \cos \theta = |\overrightarrow{SQ}|$$
$$= 2^2 \qquad\qquad\qquad \text{因為 } |\overrightarrow{SQ}| = 2 \text{（圓半徑）}$$
$$= 4$$

因此，所求之切線方程式可由以下等式推導：

$$\overrightarrow{SP} \cdot \overrightarrow{SQ} = 4$$

計算各分量相乘的結果，即可得到答案。

$$\vec{SP} \cdot \vec{SQ} = 4 \qquad \text{根據上式}$$

$$\begin{pmatrix} x \\ y-1 \end{pmatrix} \cdot \begin{pmatrix} a \\ b-1 \end{pmatrix} = 4 \qquad \text{將向量以分量表示}$$

$$xa + (y-1)(b-1) = 4 \qquad \text{將內積以分量的相乘表示}$$

$$ax + (b-1)(y-1) = 4 \qquad \text{整理等式}$$

答　$ax + (b-1)(y-1) = 4$

另解

平移整個圖形，利用第 164 頁的結果求解。

將題目的圓 $x^2 + (y-1)^2 = 4$ 與點 (a, b)，沿著 y 方向平移-1 單位（往下平移）。移動後的圓會變成 $x^2 + y^2 = 4$，移動後的點會變成 $(a, b-1)$。

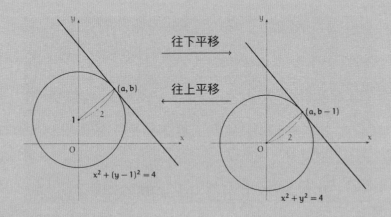

將移動後的圓與點，代入第 164 頁的結果，即可得到切線方程式如下頁所示：

$$ax + (b-1)y = 4$$

將上一步驟得到的切線，沿著 y 方向平移 +1 單位（往上平移），則可得到題目所求的切線方程式：

$$ax + (b-1)(y-1) = 4$$

●問題 4-3（點與直線的距離）

設點 (x_0, y_0) 與直線 $ax + by = 0$ 的距離為 h。請用 a, b, x_0, y_0 來表示點與直線的距離 h。其中，$a \neq 0$ 且 $b \neq 0$。

■解答 4-3

設點 (x_0, y_0) 為 P，點 (a, b) 為 Q，直線 $ax + by = 0$ 為 ℓ。並從點 P 畫一線至直線 ℓ 做垂線，設垂足為 H(c, d)。

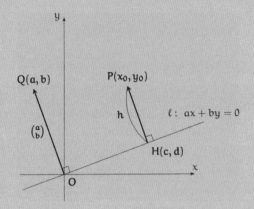

點 P 與直線 ℓ 的距離 h，可以用向量 $\overrightarrow{HP}$ 的內積表示如下。

$$h = |\overrightarrow{HP}|$$
$$= \sqrt{|\overrightarrow{HP}|^2}$$
$$= \sqrt{\overrightarrow{HP} \cdot \overrightarrow{HP}} \quad \cdots\cdots\cdots\cdots ①$$

另外，直線 ℓ 的方程式 $ax+by=0$，可寫成兩個向量 $\begin{pmatrix} a \\ b \end{pmatrix}$ 與 $\begin{pmatrix} x \\ y \end{pmatrix}$ 的內積。

$$\begin{pmatrix} a \\ b \end{pmatrix} \cdot \begin{pmatrix} x \\ y \end{pmatrix} = 0$$

內積等於 0，表示直線 ℓ 上的任意點 (x, y) 的位置向量 $\begin{pmatrix} x \\ y \end{pmatrix}$，都會與 $\begin{pmatrix} a \\ b \end{pmatrix}$ 垂直（正交）。

補充

一般情況下，與直線垂直的向量，稱作該直線的**法向量**。換言之，法向量與直線的方向向量互相垂直。本題中，$\begin{pmatrix} a \\ b \end{pmatrix}$ 即為

直線 $ax + by = 0$ 的法向量。

向量 $\overrightarrow{HP}$ 與向量 $\begin{pmatrix} a \\ b \end{pmatrix}$ 平行，故以下等式成立：

$$\overrightarrow{HP} = t\begin{pmatrix} a \\ b \end{pmatrix}$$

其中，t 為一實數。若想由 $\overrightarrow{HP}$ 的內積求出 h，需先求出實數 t 是多少。

$$\overrightarrow{HP} = t\begin{pmatrix} a \\ b \end{pmatrix} \qquad \text{根據上式}$$

$$\overrightarrow{OP} - \overrightarrow{OH} = t\begin{pmatrix} a \\ b \end{pmatrix} \qquad \text{將 } \overrightarrow{HP} \text{ 表示成兩向量的差}$$

此處將等號兩邊的向量，分別與 $\begin{pmatrix} a \\ b \end{pmatrix}$ 求內積。

$$(\overrightarrow{OP} - \overrightarrow{OH}) \cdot \begin{pmatrix} a \\ b \end{pmatrix} = t\begin{pmatrix} a \\ b \end{pmatrix} \cdot \begin{pmatrix} a \\ b \end{pmatrix} \qquad \text{與} \begin{pmatrix} a \\ b \end{pmatrix} \text{求內積}$$

$$\overrightarrow{OP} \cdot \begin{pmatrix} a \\ b \end{pmatrix} - \overrightarrow{OH} \cdot \begin{pmatrix} a \\ b \end{pmatrix} = t\begin{pmatrix} a \\ b \end{pmatrix} \cdot \begin{pmatrix} a \\ b \end{pmatrix} \qquad \text{展開括號}$$

$$\overrightarrow{OP} \cdot \begin{pmatrix} a \\ b \end{pmatrix} = t\begin{pmatrix} a \\ b \end{pmatrix} \cdot \begin{pmatrix} a \\ b \end{pmatrix} \qquad \text{因為 } \overrightarrow{OH} \text{ 與} \begin{pmatrix} a \\ b \end{pmatrix} \text{垂直，故內積為 } 0$$

$$\begin{pmatrix} x_0 \\ y_0 \end{pmatrix} \cdot \begin{pmatrix} a \\ b \end{pmatrix} = t\begin{pmatrix} a \\ b \end{pmatrix} \cdot \begin{pmatrix} a \\ b \end{pmatrix} \qquad \text{因為 } \overrightarrow{OP} = \begin{pmatrix} x_0 \\ y_0 \end{pmatrix}$$

$$x_0 a + y_0 b = t(aa + bb) \qquad \text{將內積以分量相乘表示}$$

$$ax_0 + by_0 = t(a^2 + b^2) \qquad \text{整理算式}$$

$$t(a^2 + b^2) = ax_0 + by_0 \qquad \text{將等號兩邊交換}$$

此處由於 $a \neq 0$ 且 $b \neq 0$，故 $a^2 + b^2 \neq 0$。將等號兩邊除以 $a^2 + b^2$，即可得到 t。

$$t = \frac{ax_0 + by_0}{a^2 + b^2} \qquad \cdots\cdots\cdots\cdots ②$$

得到 t，即可算出 $\overrightarrow{HP}$：

$$\overrightarrow{HP} = t\begin{pmatrix} a \\ b \end{pmatrix} = \frac{ax_0 + by_0}{a^2 + b^2}\begin{pmatrix} a \\ b \end{pmatrix}$$

故 h 為：

$$h = \sqrt{\overrightarrow{HP} \cdot \overrightarrow{HP}} \qquad\qquad \text{根據①}$$

$$= \sqrt{t^2(a^2 + b^2)} \qquad\qquad \text{因為 } \overrightarrow{HP} = t\begin{pmatrix} a \\ b \end{pmatrix}$$

$$= \sqrt{\frac{(ax_0 + by_0)^2}{(a^2 + b^2)^2}(a^2 + b^2)} \qquad \text{根據②}$$

$$= \sqrt{\frac{(ax_0 + by_0)^2}{a^2 + b^2}}$$

$$= \frac{|ax_0 + by_0|}{\sqrt{a^2 + b^2}}$$

$$答\ h = \frac{|ax_0 + by_0|}{\sqrt{a^2 + b^2}}$$

另解

　　設 $\overrightarrow{OP}$ 與 $\overrightarrow{OQ}$ 兩向量的夾角為 θ，點 P 對直線 OQ 做垂線的垂足為 R。

　　cos θ 的正負號會隨著角 θ 的值而改變，以下分別畫出 cos θ ≥ 0 與 cos θ < 0 的情形。

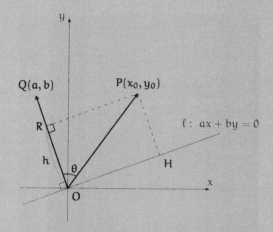

$$\cos \theta \geq 0 \ (0° \leq \theta \leq 90°)$$

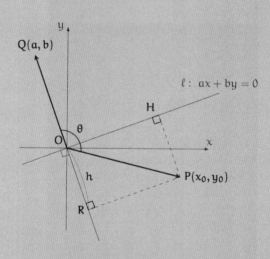

$$\cos \theta < 0 \ (90° < \theta \leq 180°)$$

不管是哪種情形，點 P 與直線 ℓ 的距離 h，皆等於線段 HP 的長度，亦等於線段 OR 的長度（因為 HP 與 OR 為同一長方形的對邊）。

以 OP 表示 OR 的長度，要注意 $\cos\theta$ 的正負號。

$$h = \begin{cases} +|\overrightarrow{OP}|\cos\theta & (\cos\theta \geq 0) \\ -|\overrightarrow{OP}|\cos\theta & (\cos\theta < 0) \end{cases}$$

這裡可加上絕對值，整理成以下等式。

$$h = |\overrightarrow{OP}||\cos\theta| \qquad \cdots\cdots\cdots\cdots ①$$

另一方面，$\overrightarrow{OQ}$ 與 $\overrightarrow{OP}$ 的內積絕對值，可寫成以下形式。

$$|\overrightarrow{OQ} \cdot \overrightarrow{OP}| = |\overrightarrow{OQ}|\underline{|\overrightarrow{OP}||\cos\theta|}$$

根據①，上式以波浪底線標註的部分等於 h，故以下等式成立。

$$|\overrightarrow{OQ} \cdot \overrightarrow{OP}| = |\overrightarrow{OQ}|h$$

這個等式可以用向量的分量改寫：

$$\left|\begin{pmatrix} a \\ b \end{pmatrix} \cdot \begin{pmatrix} x_0 \\ y_0 \end{pmatrix}\right| = \sqrt{a^2 + b^2}\, h$$

換言之，以下等式成立：

$$|ax_0 + by_0| = \sqrt{a^2 + b^2}\, h$$

由於 $a \neq 0$ 且 $b \neq 0$，故 $\sqrt{a^2+b^2} \neq 0$。將上式等號兩邊分別除以 $\sqrt{a^2+b^2}$，再左右交換，可得到答案如下頁所示。

$$h = \frac{|ax_0 + by_0|}{\sqrt{a^2 + b^2}}$$

答 $h = \dfrac{|ax_0 + by_0|}{\sqrt{a^2 + b^2}}$

第 5 章的解答

●問題 5-1（內分點）

如下圖所示，點 P 將線段 AB 內分為 2：3 兩線段。請用 $\overrightarrow{OA}$ 與 $\overrightarrow{OB}$ 表示 $\overrightarrow{OP}$。

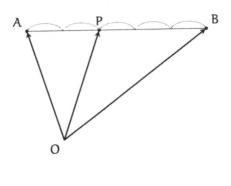

■解答 5-1

將 m＝2 與 n＝3 代入第 213 頁的式子，即可得到答案。

$$\overrightarrow{OP} = \frac{3\overrightarrow{OA} + 2\overrightarrow{OB}}{2 + 3}$$

$$= \frac{3\overrightarrow{OA} + 2\overrightarrow{OB}}{5}$$

$$答\ \overrightarrow{OP} = \frac{3\overrightarrow{OA} + 2\overrightarrow{OB}}{5}$$

●問題 5-2（內分點）

如下圖所示，將問題 5-1 的點 O 移動至其他位置，同樣地，請用 $\overrightarrow{OA}$ 與 $\overrightarrow{OB}$ 表示 $\overrightarrow{OP}$。

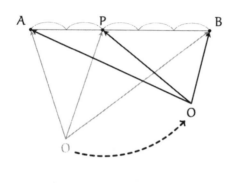

■解答 5-2

即使將 O 移動到其他位置，問題 5-1 的答案仍相同。

$$答\ \overrightarrow{OP} = \frac{3\overrightarrow{OA} + 2\overrightarrow{OB}}{5}$$

●問題 5-3（內分點的座標）

如下圖所示，點 P 將線段 AB 內分為 2 : 3 兩線段。若 A, B 兩點座標分別為 A(1, 2) 與 B(6, 1)，請求出點 P 的座標。

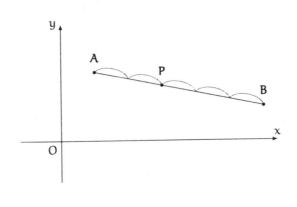

■解答 5-3

向量 $\overrightarrow{OP}$ 可以用 $\overrightarrow{OA}$ 與 $\overrightarrow{OB}$ 表示，如下所示：

$$\overrightarrow{OP} = \frac{3\overrightarrow{OA} + 2\overrightarrow{OB}}{5}$$

設點 P 的座標為 (x, y)，則三點的位置向量分別為：

$$\overrightarrow{OP} = \begin{pmatrix} x \\ y \end{pmatrix}, \ \ \overrightarrow{OA} = \begin{pmatrix} 1 \\ 2 \end{pmatrix}, \ \ \overrightarrow{OB} = \begin{pmatrix} 6 \\ 1 \end{pmatrix}$$

由題意可推得三向量的關係：

$$\binom{x}{y} = \frac{3\binom{1}{2} + 2\binom{6}{1}}{5}$$

接著計算等號右邊的式子。因為等號右邊有點複雜，我們先計算分子的 $3\binom{1}{2} + 2\binom{6}{1}$。

$$3\binom{1}{2} + 2\binom{6}{1} = \binom{3 \cdot 1}{3 \cdot 2} + \binom{2 \cdot 6}{2 \cdot 1} \quad \text{將係數乘上各分量}$$

$$= \binom{3}{6} + \binom{12}{2} \quad \text{計算各分量}$$

$$= \binom{3 + 12}{6 + 2} \quad \text{兩向量的分量各自相加}$$

$$= \binom{15}{8} \quad \text{相加後的向量}$$

至此，我們知道 $\binom{x}{y}$ 的分子為向量 $\binom{15}{8}$，將它代入原來的分數，如下所示：

$$\binom{x}{y} = \frac{\binom{15}{8}}{5}$$

$$= \binom{\frac{15}{5}}{\frac{8}{5}} \quad \text{將各分量分別除以分母的 5}$$

$$= \binom{3}{\frac{8}{5}} \quad \text{計算各分量}$$

故點 P 的座標為 $(3, \frac{8}{5})$

答　$P(3, \frac{8}{5})$

補充

回頭看解答 5-3 的計算過程，設線段 AB 的 2:3 內分點 P 的座標為 (x, y)，則：

- x 等於「線段 AB 在 x 軸投影的 2:3 內分點」。
- y 等於「線段 AB 在 y 軸投影的 2:3 內分點」。

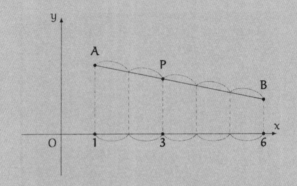

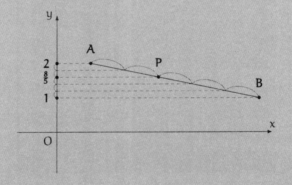

獻給想要深入思考的你

　　在此，我將提出一些全然不同的題目，獻給除了本書的數學對話，還想多思考的你。本書不提供這些題目的解答，而且正確答案不只一個。

　　請試著自己解題，或找一些同伴，一起來仔細思考。

第 1 章　助我一臂之力

> ●研究問題 1-X1（力的相加）
> 在第 1 章，我們提到，可以用平行四邊形來做向量的加法。如果我們要計算方向相反、大小相等的兩個力所相加的合力，該怎麼做呢？

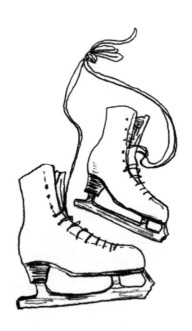

●研究問題 1-X2（張力）

如下圖所示，兩線懸吊一個重物。

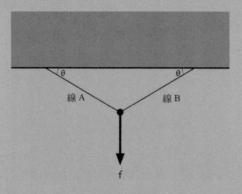

兩線懸吊一個重物

線 A 與線 B 的長度相等，而線與天花板的夾角為 θ。設
地球對重物施加的重力大小為 f，請求出兩線對重物施加
的張力大小。

●研究問題 1-X3（張力）

如下圖所示，若研究問題 1-X2 中，兩線長度不同，線 A,
B與天花板的夾角分別為 α, β，而地球對重物施加的重力
大小仍為 f，請求出此時兩線對重物施加的張力大小。

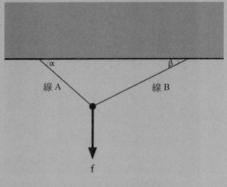

兩線懸吊一個重物

第 2 章　無數相同的箭號

●研究問題 2-X1（向量與多邊形）

請將多邊形的每一條邊想成一個向量。當任一個向量的終點，皆與下一個向量的起點相同，所有向量的總和會是多少？另外，如果將其中一條向量的方向倒過來，又會得到什麼答案呢？

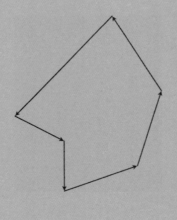

●研究問題 2-X2（向量與旋轉）

設一個平面上的點 (x, y)，以原點為圓心旋轉角度 θ，可得到點 $(x \cos \theta - y \sin \theta, x \sin \theta + y \cos \theta)$。若一個向量的起點為 (x_0, y_0)，終點為 (x_1, y_1)，而該向量的大小定義為 $\sqrt{(x_1 - x_0)^2 + (y_1 - y_0)^2}$，請證明這個向量在旋轉後的大小與旋轉前相等。

●研究問題 2-X3（等價關係）

在第 67 頁，我們提到「集合 A 加入等價關係$\doteq$」。等價關係必須滿足自反性、對稱性、傳遞性等性質，才能成立。請證明「$\doteq$」滿足以下性質，以確認「$\doteq$」為等價關係。

自反性　對任何實數 x_0, y_0, x_1, y_1，以下關係皆成立：

$$\langle(x_0, y_0), (x_1, y_1)\rangle \doteq \langle(x_0, y_0), (x_1, y_1)\rangle$$

對稱性　若下列關係成立，

$$\langle(x_0, y_0), (x_1, y_1)\rangle \doteq \langle(x_0', y_0'), (x_1', y_1')\rangle$$

則以下關係亦成立：

$$\langle(x_0', y_0'), (x_1', y_1')\rangle \doteq \langle(x_0, y_0), (x_1, y_1)\rangle$$

傳遞性　若下列兩個關係成立，

$$\langle(x_0, y_0), (x_1, y_1)\rangle \doteq \langle(x_0', y_0'), (x_1', y_1')\rangle$$

$$\langle(x_0', y_0'), (x_1', y_1')\rangle \doteq \langle(x_0'', y_0''), (x_1'', y_1'')\rangle$$

則以下關係亦成立：

$$\langle(x_0, y_0), (x_1, y_1)\rangle \doteq \langle(x_0'', y_0''), (x_1'', y_1'')\rangle$$

第 3 章　計算乘法

●研究問題 3-X1（大小）

在第 3 章，「我」和由梨討論「向量的方向與實數的正負號」時，發現內積和積有幾個相似點。請你從「向量的大小與實數的大小」中，尋找內積和積還有哪些相似點。

●研究問題 3-X2（內積）

設平面上兩個向量 $\vec{a}$ 與 $\vec{b}$ 具有以下關係：

$$\vec{a} \cdot \vec{b} = 0$$

則向量 $\vec{a}$ 與 $\vec{b}$ 有什麼關係呢？

●研究問題 3-X3（內積）

設平面上某個向量 $\vec{a}$ 符合以下等式：

$$\vec{a} \cdot \vec{a} = 0$$

則向量 $\vec{a}$ 有什麼特性呢？

●研究問題 3-X4（外積）

兩個三維向量 $\begin{pmatrix} a \\ b \\ c \end{pmatrix}$ 與 $\begin{pmatrix} x \\ y \\ z \end{pmatrix}$ 的**外積** $\begin{pmatrix} a \\ b \\ c \end{pmatrix} \times \begin{pmatrix} x \\ y \\ z \end{pmatrix}$ 定義如下：

$$\begin{pmatrix} a \\ b \\ c \end{pmatrix} \times \begin{pmatrix} x \\ y \\ z \end{pmatrix} = \begin{pmatrix} bz - cy \\ cx - az \\ ay - bx \end{pmatrix}$$

請自行尋找外積會符合哪些規律吧。例如，外積會不會符合交換律呢？

※此外，外積也是向量乘積的一種。

第 4 章　看透圖形的本質

●研究問題 4-X1（為蒂蒂加油）

在第 4 章，蒂蒂本來是要求切線方程式，「我」卻教她用向量來解題。你能不能從「蒂蒂的解題筆記①」（第 133 頁）的解法，繼續推導出切線方程式呢？

●研究問題 4-X2（點與直線的距離）

請用向量內積求出點 (x_0, y_0) 與直線 $ax + by + c = 0$ 的距離。

●研究問題 4-X3（函數空間）

在第 4 章，我們用係數為實數，且次方數在二次以下的函數，定義了一個函數空間 V。你覺得 V 的元素，若要彼此相加，加法該如何定義呢？另外，乘法該如何定義呢？想想看吧！

第 5 章 向量的平均

●研究問題 5-X1（外分點）

在第 5 章，我們提到如何用向量來表示線段的中點和內分點。下圖中，點 P 為線段 AB 的 2:3 外分點，請用 $\overrightarrow{OA}$ 與 $\overrightarrow{OB}$ 來表示 $\overrightarrow{OP}$。

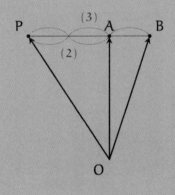

●研究問題 5-X2（向量與三個點）

設平面上有 A, B, C 三個點，則下式所表示的向量代表什麼意思呢？

$$\frac{\overrightarrow{OA} + \overrightarrow{OB} + \overrightarrow{OC}}{3}$$

後記

你好，我是結城浩。

感謝您閱讀《數學女孩秘密筆記：向量篇》。本書介紹了向量如何表示方向、大小，以及向量與實數相似的計算方式。我們還提到了內積，並說明不同方向、大小的向量做了內積，會得到多麼有趣的結果。不知你看完本書，覺得如何呢？

本書是將 cakes 網站所連載的《數學女孩秘密筆記》第五十一回至第六十回重新編輯而成。如果你讀完本書，想知道更多關於《數學女孩秘密筆記》的內容，請你一定要來這個網站看看。

《數學女孩秘密筆記》系列，以平易近人的數學為題材，描述國中生由梨、高中生蒂蒂、米爾迦，以及「我」，四人盡情談論數學的故事。

這些角色亦活躍於另一個系列作品《數學女孩》。這系列的作品是以更廣深的數學為題材，所寫成的青春校園物語，推薦給你！另外，這兩個系列的英語版亦於 Bento Books 刊行。

《數學女孩》與《數學女孩秘密筆記》，兩部系列作品都請多多支持喔！

日文原書使用 $\LaTeX 2_\varepsilon$ 與 Euler Font（AMS Euler）排版。排版過程參考了奧村晴彥老師寫作的《$\LaTeX 2_\varepsilon$ 美文書編寫入門》，繪圖則使用 OmniGraffle、TikZ 軟體。在此表示感謝。

感謝下列名單中的各位，以及許多不願具名的人們，在我寫作本書的過程中，幫忙檢查原稿，並提供寶貴意見。當然，本書內容若有錯誤，皆為筆者之疏失，並非他們的責任。

淺見悠太、五十嵐龍也、石宇哲也、
石本龍太、伊東愛翔、稻葉一浩、岩脇修冴、
上衫直矢、上原隆平、植松彌公、內田大暉、
內田陽一、大西健登、喜入正浩、北川巧、
菊池夏美、木村巖、工藤淳、毛塚和宏、
上瀧佳代、坂口亞希子、佐佐木良、
田中克佳、谷口亞紳、乘松明加、原泉美、
藤田博司、梵天結鳥（medaka-college）、
前原正英、增田菜美、松浦篤史、三澤颯大、
三宅喜義、村井建、村岡佑輔、山田泰樹、
米內貴志。

感謝一直以來負責《數學女孩秘密筆記》與《數學女孩》兩系列的 SB Creative 野澤喜美男總編輯。

感謝 cakes 的加藤貞顯先生。

感謝所有在我寫作本書時，支持我的人。

感謝我最愛的妻子和兩個兒子。

感謝你閱讀本書到最後。

那麼，我們就在下一本《數學女孩秘密筆記》再會囉！

結城浩

索引

國家圖書館出版品預行編目（CIP）資料

數學女孩秘密筆記：向量篇 / 結城浩作；
　陳朕疆譯. -- 初版. -- 新北市：世茂, 2017.02
　面；　公分. --（數學館；27）

ISBN 978-986-94251-1-7（平裝）

1. 向量分析　2. 通俗作品

313.76　　　　　　　　　　105025473

數學館 27

數學女孩秘密筆記：向量篇

作　　　者／結城浩
譯　　　者／陳朕疆
主　　　編／陳文君
責任編輯／石文穎
出 版 者／世茂出版有限公司
地　　　址／（231）新北市新店區民生路 19 號 5 樓
電　　　話／（02）2218-3277
傳　　　真／（02）2218-3239（訂書專線）
　　　　　　（02）2218-7539
劃撥帳號／19911841
戶　　　名／世茂出版有限公司
　　　　　　單次郵購總金額未滿 500 元（含），請加 50 元掛號費
世茂官網／www.coolbooks.com.tw
排版製版／辰皓國際出版製作有限公司
印　　　刷／世和彩色印刷股份有限公司
初版一刷／2017 年 2 月
　　二刷／2019 年 8 月

I S B N ／978-986-94251-1-7
定　　　價／350 元

SUGAKU GIRL NO HIMITSU NOTE : VECTOR NO SHINJITSU
Copyright © 2015 Hiroshi Yuki
Chinese translation rights in complex characters arranged
with SB Creative Corp., Tokyo through Japan UNI Agency, Inc., Tokyo
and Future View Technology Ltd., Taipei.

Printed in Taiwan